POUR
RÉUSSIR

SCIENCES PHYSIQUES
416-436

Secondaire

Sylwester Przybylo
Alain Roy

POUR RÉUSSIR

SCIENCES PHYSIQUES
416-436

Secondaire

TRÉCARRÉ

Données de catalogage avant publication (Canada)
Przybylo, Sylwester

(Pour réussir)
Pour réussir sciences physiques 416-436
Comprend des réf. bibliogr.
Pour les étudiants du niveau secondaire.
ISBN 2-89249-728-0
1. Physique - Problèmes et exercices. I. Roy, Alain, 1959 24 sept.—
II. Titre. III. Collection.
QC32.P79 1996   530' .076   C96-941305-X

REMERCIEMENTS
Nous tenons à remercier monsieur Luc Marquis pour la révision pédagogique et scientifique de cet ouvrage ainsi que pour ses précieux conseils et recommandations.
Nous remercions aussi Aleksander Przybylo et Artur Przybylo pour leur aide.

Typographie et mise en pages :
Pierre Brunelle

Couverture :
Claude-Marc Bourget

©1996, Éditions du Trécarré, division de Éditions Quebecor Média inc.

ISBN 2-89249-728-0

Dépôt légal - Bibliothèque nationale du Québec, 1996
Éditions du Trécarré, division de Éditions Quebecor Média inc.
7, chemin Bates
Outremont (Québec)

IMPRIMÉ AU CANADA

SOMMAIRE

INTRODUCTION   7

MODULE 1 : Propriétés et structure de la matière

Objectif terminal 1 :   LA RECHERCHE   11
Objectif terminal 2 :   LES PROPRIÉTÉS   11
Objectif terminal 3 :   LES CHANGEMENTS DE LA MATIÈRE   17
Objectif terminal 4 :   L'ATOME   28
Objectif terminal 5 :   LA CLASSIFICATION   42
Objectif terminal 6 :   LA MOLÉCULE   59

Prétest module 1   69

MODULE 2 : Phénomènes électriques

Objectif terminal 1 :   LA RECHERCHE   81
Objectif terminal 2 :   LE MAGNÉTISME   81
Objectif terminal 3 :   LES CIRCUITS ÉLECTRIQUES   90
Objectif terminal 4 :   L'ÉNERGIE ÉLECTRIQUE 111
Objectif terminal 5 :   LA LOI DE LA CONSERVATION
                        DE L'ÉNERGIE 118
Objectif terminal 6 :   LA TRANSFORMATION DE L'ÉNERGIE 127

Prétest module 2 131

MODULE 3 : Phénomènes ioniques

Objectif terminal 1 :   LA RECHERCHE 147
Objectif terminal 2 :   LES ACIDES, LES BASES ET LES SELS 147
Objectif terminal 3 :   LES SOLUTIONS 161
Objectif terminal 4 :   LES INDICATEURS 176

Objectif terminal 5 :   LES RÉACTIONS CHIMIQUES 187
Objectif terminal 6 :   LES PRÉCIPITATIONS ACIDES 200

Prétest module 3 203

Exemple d'un examen de fin d'études secondaires 211

ANNEXES

Solutions du prétest du module 1   225
Solutions du prétest du module 2 228
Solutions du prétest du module 3 236
Solutions de l'examen 238
Tableau périodique   242

BIBLIOGRAPHIE 245

INTRODUCTION

Ce livre s'adresse aux étudiants inscrits au cours de sciences physiques de quatrième secondaire. Présenté sous forme de questions-réponses, l'ouvrage fait le tour complet de la matière. Il est un complément essentiel pour une préparation sérieuse à l'examen de fin d'année du ministère de l'Éducation.

L'ouvrage est divisé en trois modules : propriétés et structures de la matière, phénomènes électriques, phénomènes ioniques. Ce sont les mêmes modules que dans le cours régulier de sciences physiques. À l'intérieur de chaque module, tous les objectifs terminaux ont été identifiés, même ceux qui ne font pas l'objet d'évaluation. Chaque objectif terminal est ensuite subdivisé en objectifs intermédiaires.

De plus, on indique si l'objectif intermédiaire concerne la voie 416, la voie 436, les deux ou l'enrichissement. Dans ce dernier cas, la matière n'a pas été traitée, car elle n'est pas évaluée à l'examen.

Avant chaque question, nous vous indiquons entre parenthèses quel est l'objectif intermédiaire visé. Exemple : 19 (Obj. 3.3) indique que la question 19 se rapporte à l'objectif intermédiaire 3.3 du module en cours.

Si une question nécessite une démarche ou une explication particulière, nous proposons une *méthodologie* et une *solution.* Dans le cas contraire nous donnons tout simplement la réponse.

À la fin de chaque module, vous trouverez un prétest destiné à vous familiariser avec les examens du ministère. Ces prétests, élaborés à partir des questions d'examens des dernières années, sont divisés en trois sections : les sections A regroupent les questions à choix multiples; les sections B regroupent les questions qui appellent de courtes réponses; les sections C regroupent les questions qui demandent des réponses à développement. Les réponses aux prétests se trouvent en annexe, à la fin du livre.

Enfin, après le Module 3, vous trouverez un exemple d'examen de fin d'études secondaires du ministère de l'Éducation.

Les réponses aux prétests et à l'examen du Ministère se trouvent en annexe.

MODULE

Propriétés et structure de la matière

Ce module a pour but de vous faire découvrir les propriétés et la structure de la matière. Vous apprendrez aussi à représenter et classifier la matière à la suite de diverses observations.

1- La recherche

2- Les propriétés

3- Les changements de la matière

4- L'atome

5- La classification

6- La molécule

PRÉTEST

1 LA RECHERCHE

Cet objectif vous amène à communiquer les résultats d'une recherche portant sur la propriété, la structure ou la classification de la matière. Votre présentation doit faire ressortir la relation qui existe entre la science, la technologie et la société. Cet objectif ne fait pas l'objet d'évaluation.

2 LES PROPRIÉTÉS

Comment identifier les propriétés caractéristiques d'une substance donnée?

Objectifs intermédiaires	Voie 416	Voie 436	Enrichissement	Contenus
2.1	✓	✓		Propriétés d'objet et de substance
2.2	✓	✓		Propriétés caractéristiques des substances données
2.3	✓	✓		Identification d'une substance
2.4	✓	✓		Justification de l'usage d'une substance dans un bien de consommation par ses propriétés

1. (Obj. 2.1) **Quel énoncé décrit le mieux une propriété d'une substance?**

A) Le pourcentage d'abondance de cette substance dans la nature.

B) Le symbole du tableau périodique qui représente cette substance.

C) Une qualité propre de cette substance.

D) Une qualité qui permet de distinguer cette substance dans les différentes phases.

Conseil

Ici, il faut être capable de choisir une bonne définition même si elle diffère de celles que vous avez apprises. On peut donc trouver plusieurs définitions d'une même notion, chacune étant valable si elle **détermine** correctement ce qui est recherché.

Il faut bien lire les définitions en entier. Parfois une partie de l'énoncé peut être bonne, alors que dans son ensemble elle ne correspond pas à la question posée.

Solution

Une **propriété** est ce qui appartient à quelqu'un ou à quelque chose, c'est-à-dire qu'elle doit être propre à la substance considérée. Une propriété nous permet de distinguer les substances entre elles et non pas dans les différentes phases (réponse **D**). Les réponses **A** et **B** définissent autre chose que ce qui est demandé.

Réponse :   **C**

Pour les questions 2 et 3, voici une liste de propriétés :

masse volumique, masse, point de fusion, odeur, couleur, goût, forme, chaleur massique, point de solidification, élasticité, volume, conductibilité électrique.

2. (Obj. 2.2)   Qu'est-ce qu'une propriété caractéristique?
Trouvez quatre propriétés caractéristiques dans la liste ci-dessus.

3. (Obj. 2.3)   Qu'est-ce qu'une propriété non caractéristique?
Trouvez quatre propriétés non caractéristiques dans la liste ci-dessus.

Conseil

Dans ce genre de questions, dont le but est la division des éléments d'un ensemble en deux groupes différents en tout point, il ne suffit pas de connaître les définitions mot à mot, il faut surtout se concentrer sur la différence qui existe entre elles.

Solution

• **Propriété caractéristique**

C'est une propriété qui n'appartient qu'à une substance ou groupe de substances.

• **Propriété non caractéristique**

C'est une propriété qui appartient à plusieurs substances (objets) ou groupes de substances.

Les propriétés caractéristiques permettent d'identifier ou différencier une substance ou un groupe de substances (objets) d'un autre.

Les propriétés non caractéristiques ne permettent pas de différencier un groupe de substances d'un autre.

Réponse :

Sous forme de tableau, vous auriez comme réponse :

Question 2	Question 3
Masse volumique	Masse
Point de fusion	Odeur
Chaleur massique	Couleur
Point de solidification	Goût
	Forme
	Élasticité
	Conductibilité électrique

4. (Obj. 2.2) **Quelle liste ne contient que des propriétés caractéristiques?**

    A) La couleur, la masse volumique, le point de fusion.

    B) Le point d'ébullition, l'odeur, le goût.

    C) Le point de fusion, la masse volumique, le point d'ébullition.

    D) Le goût, le point de solidification, l'élasticité.

Conseil

Une démarche intéressante consiste à relever dans les choix de réponses **au moins** un élément qui n'est pas une propriété caractéristiques. On élimine ainsi les réponses mauvaises au lieu de chercher la bonne. Dès que vous trouvez un élément qui ne fait pas partie de l'ensemble que vous recherchez, il devient inutile de vérifier les autres éléments de la liste.

Par exemple dans **A**, *la couleur* n'est pas une propriété caractéristique parce que plusieurs substances peuvent avoir la même couleur (plusieurs métaux sont gris et plusieurs gaz sont incolores), on peut donc éliminer le choix **A**.

Solution

Certaines propriétés pourraient être difficile à classer. Exemple : l'odeur émise par une substance pourrait appartenir à plusieurs groupes de substances; l'odeur est donc une propriété non caractéristique. En revanche, on peut distinguer les alcools à leurs odeurs **caractéristiques**. Le **magnétisme** peut lui aussi être considéré comme une propriété caractéristique, car très peu de corps sont magnétiques (fer(Fe), nickel(Ni) et cobalt(Co) seulement).

Réponse :   C

5. (Obj. 2.2) **Quelle liste ne contient que des propriétés non caractéristiques?**

    A) Le volume, le point d'ébullition, l'odeur.

B) La masse, le volume, la couleur.

C) La masse volumique, la forme, la masse.

D) La couleur, le point de fusion, la conductibilité.

Conseil

Utilisez la même démarche que dans la question précédente.

Réponse :   **B**

6. (Obj. 2.2)   **Les énoncés suivants contiennent-ils des propriétés caractéristiques ou non caractéristiques?**

A) La masse volumique de l'aluminium est de 2,7 g/cm^3.

B) Le soufre est un solide jaune.

C) Le sel est soluble dans l'eau.

D) Un échantillon de liquide a une masse 41,9 g.

E) L'eau bout à 100 °C.

F) L'oxygène est gazeux à la température de la pièce et sous une pression de 101,3 kPa.

Conseil

Pour faciliter votre travail, vous devez repérer dans chaque phrase le **mot-clé** qui permettra de classifier les propriétés.

Solution

Les mots-clés sont les suivants :

A : masse volumique; B : jaune (couleur); C : soluble; D : masse; E : bout (point d'ébullition); F : gazeux (l'état).

Dans l'énoncé **F,** le mot *gazeux* indique l'état de la substance. Plusieurs substances ou groupes de substances pouvant posséder cet état, c'est donc une propriété non caractéristique.

Réponse :

A : Caractéristique; **B** : Non caractéristique; **C** : Non caractéristique;
D : Non caractéristique; **E** : Caractéristique; **F** : Non caractéristique.

7. (Obj. 2.3) Voici les «cartes d'identité» de trois substances.
On vous demande d'identifier ces substances.

Substance A :
- gaz incolore,
- inodore,
- masse volumique de 0,000 08 g/L,
- point de fusion de -259°C,
- une explosion se produit si on approche une flamme
    vive.

Substance B :
- gaz incolore,
- inodore,
- masse volumique de 0,001 3 g/L,
- point de fusion de -218°C,
- rallume un tison.

Substance C :
- gaz incolore,
- inodore,
- masse volumique de 0,001 8 g/L,
- brouille l'eau de chaux.

Solution

Vous remarquerez qu'il y a beaucoup de données. Cependant une seule aurait suffit pour identifier la substance recherchée, puisqu'il y a parmi les données des **propriétés caractéristiques** (masse volumique, point de fusion, etc.).

Réponse :

Substance A : hydrogène (H); substance B : oxygène (O); substance C : gaz carbonique (CO_2).

8. (Obj. 2.4) Vous êtes le constructeur d'un nouveau modèle de voiture. Dans ce modèle, vous avez prévu une utilisation importante d'aluminium et de plastique. Quelle propriété de ces substances justifie votre choix?

Réponse : Résistance à la corrosion.

 REMARQUE Toute réponse qui tient compte des propriétés caractéristiques de l'aluminium et du plastique est valable.

3 LES CHANGEMENTS DE LA MATIÈRE

Vous devez être capable de constater et d'identifier les différents changements de la matière.

Objectifs intermédiaires	Voie 416	Voie 436	Enrichissement	Contenus
3.1	✓	✓		Causes des changements dans la matière
3.2	✓	✓		Des changements chimiques et des changements physiques
3.3	✓	✓		Substance pure : composé et élément
3.4	✓	✓		Analyse d'un composé
3.5			✓	Contrôle des changements chimiques
3.6			✓	Contrôle des changements physiques
3.7	✓	✓		Impact de certains changements chimiques et physiques

9. (Obj. 3.1) Associez correctement les changements subis par les objets ou par les substances de la colonne I avec les causes possibles de ces changements de la colonne II.

I	II
1 Une bague en or noircie	A Réaction avec l'air et l'eau
2 Une automobile rouillée	B Absorption de chaleur
3 Une chandelle qui fond	C Combustion
4 Du bois transformé en fumée	D Solubilité
5 Du sel dissous dans l'eau	E Réaction avec l'air
6 Du chocolat transformé en énergie	F Digestion

Réponse :
1 : A; 2 : A; 3 : B; 4 : C; 5 : D; 6 : F.

10. (Obj. 3.2) Quel énoncé décrit correctement un changement physique; quel énoncé décrit correctement un changement chimique?

A) Une transformation au cours de laquelle les substances conservent leurs propriétés caractéristiques.

B) Une opération qui change les propriétés non caractéristiques d'une substance.

C) Une transformation qui change les propriétés caractéristiques d'une substance.

D) Une transformation au cours de laquelle les substances conservent leurs propriétés non caractéristiques.

Conseil

Dans une question dont les choix de réponses présentent plusieurs variantes, il est intéressant de classer tout d'abord les notions essentielles .

En étudiant ces quatre énoncés, vous pouvez remarquer qu'il y a deux paires de notions contraires :

> *changez*   **vs**   *conservez;*
> *propriétés caractéristiques*   **vs**   *propriétés non caractéristiques.*

Il y a donc quatre combinaisons possibles qui donnent quatre possibilités d'énoncés différents :

1) changer les propriétés non caractéristiques;
2) changer les propriétés caractéristiques;
3) conserver les propriétés non caractéristiques;
4) conserver les propriétés caractéristiques.

Seule la dernière possibilité définit un changement physique; seule la deuxième possibilité définit un changement chimique.

Solution

- Un **changement physique** est une transformation au cours de laquelle la matière conserve sa nature. Seule l'apparence de la matière change, sa nature reste la même. Cette apparence se définit par des propriétés physiques non caractéristiques (couleur, forme, etc...)

Un changement physique **conserve** à la matière ses propriétés caractéristiques. Exemple : du cuivre sous forme de métal en feuille, en fil ou en limaille possède un seul et même point de fusion.

- Un **changement chimique** modifie les propriétés de la substance originale; la nature de la substance est changée. C'est une transformation au cours de laquelle les substances **perdent** leurs propriétés; il y a formation de nouvelles substances avec de nouvelles propriétés.

  Exemple : la rouille n'a pas la même composition chimique que le métal dont elle est issue et ses propriétés caractéristiques ne sont pas les même.

Lors d'un changement chimique il est très difficile d'effectuer une transformation qui permet de retrouver les substances initiales. Exemple : le bois transformé en cendre ne pourra pas redevenir du bois.

Réponse :

A décrit un changement physique et **C** décrit un changement chimique.

11. (Obj. 3.2) Quelle liste ne contient que des changements physiques?

A) La formation de rouille sur une automobile, la combustion d'essence dans un moteur, la fusion du soufre.

B) Le mercure qui gèle à -40° C, une tranche de pain rôti, un œuf qui pourrit.

C) Une pièce de cuivre transformée en fils, la fusion de la glace, le bris d'une vitre.

D) La solidification de l'eau, la digestion des aliments, la vaporisation de l'eau.

Conseil

Par la même démarche que précédemment, on peut éliminer une liste dès que l'on y trouve un changement non physique. Une fois la réponse choisie, il est toutefois important de vérifier si tous ses éléments respectent la condition demandée.

Solution

Dans la liste **A** par exemple, la formation de rouille sur une automobile n'est pas un changement physique, la rouille étant une nouvelle substance dont les propriétés et la composition diffèrent de la substance que l'on avait initialement.

Pour cette même raison, dans la liste **B**, *un œuf qui pourrit,* et dans la liste **D**, *la digestion des aliments,* ne respectent pas la condition de la définition du changement physique.

Réponse :   C

Le cuivre, même transformé en fil, conserve ses propriétés propres. C'est également le cas de la glace fondue et de la vitre brisée.

12. (Obj. 3.2) Quel liste ne contient que des changements chimiques?

A) Un verre brisé en cent morceaux, la solidification de l'iode, la combustion d'un ruban de magnésium.

B) Le rougissement des feuilles à l'automne, la combustion du bois, la putréfaction du bois.

C) L'argenterie qui ternit, la dissolution du sucre dans l'eau, la réaction du fer avec l'acide.

D) Le pain qui moisit, l'iode solide qui devient gazeux en chauffant, la congélation de l'eau.

Solution

Les énoncés : *un verre brisé en cent morceaux* dans la liste **A**, *la dissolution du sucre dans l'eau* dans la liste **C**, *la congélation de l'eau* dans la liste **D** sont des changements physiques.

Réponse :   **B**

Le bois une fois putréfié ou brûlé ne possède plus ses propriétés originales. Les propriétés caractéristiques de la feuille rougie ne sont plus les mêmes que celle de la feuille «verte».

13. (Obj. 3.3) Complétez :

On peut définir la matière en la divisant en deux grandes catégories : les _____, qui sont formés d'une seule substance et les _____, qui sont formés de deux ou plusieurs substances.

L'air est un _____, puisqu'il est composé d'au moins deux substances : l'azote et l'oxygène, que l'on peut séparer par des moyens physiques.

L'eau et le sucre sont des _____, puisque l'on ne peut séparer leurs composants par des moyens physiques simples.

Réponse :

On peut définir la matière en la divisant en deux grandes catégories : les **substances pures** qui sont formés d'une seule substance et les **mélanges** qui sont formés de deux ou plusieurs substances.

L'air est un **mélange** puisqu'il est composé d'au moins deux substances : l'azote et l'oxygène, que l'on peut séparer par des moyens physiques simples.

L'eau et le sucre sont des **substances pures** puisque l'on ne peut séparer leurs composants par des moyens physiques simples.

Dans un mélange, on peut séparer les substances constituantes par des procédés physiques simples : filtration, fusion, distillation, etc.

Dans les substances pures, les éléments constituants ne peuvent être séparés par des opérations simples.

Exemple : si on veut séparer l'hydrogène et l'oxygène contenus dans l'eau, il faut procéder par électrolyse.

* *Un mélange* est un échantillon de matière formé de deux ou plusieurs substances différentes séparables par des procédés physiques simples.

* *Une substance pure* est formée d'une seule substance qui possède des propriétés constantes et caractéristiques.

14. (Obj. 3.3) Répondez par vrai ou faux et justifiez.

    A) L'acier est une substance pure.

    B) Le sel est un mélange.

    C) L'eau salée est un mélange.

    D) L'eau de la municipalité est une substance pure.

    E) L'eau distillée est une substance pure.

Réponse :

A : Faux. L'acier est un mélange puisqu'il est composé d'au moins deux substances : le fer (Fe) et le carbone (C), que l'on peut séparer par fusion.

B : Faux. Le sel (NaCl) est une substance pure. Les composantes du sel, le sodium (Na) et le chlore (Cl), ne peuvent être séparées par des moyens physiques simples.

C : Vrai. L'eau salée est constituée d'éléments qui peuvent être séparés par des moyens physiques simples. Exemple : en faisant évaporer l'eau on peut retrouver le sel.

D : Faux. Plusieurs éléments sont ajoutés à l'eau de la municipalité : chlore, fluor, etc.

E : Vrai. L'eau distillée est l'eau recueillie par condensation de la vapeur d'eau. Aucune autre substance ne la compose.

15. (Obj. 3.3) Quel énoncé décrit correctement un élément? Quel énoncé décrit correctement un composé?

A) Une substance pure constituée de deux ou plusieurs constituants.

B) Une substance pure qui ne peut être décomposée en d'autres substances plus simples.

C) Une substance uniforme.

D) Un mélange homogène de deux ou plusieurs substances.

Solution

Prenons l'exemple de l'hélium (He) et du sel (NaCl) : l'hélium (He) est un **élément** car il ne peut être décomposé en d'autres substances; le sel (NaCl) peut être décomposé par électrolyse en ses constituants – le sodium (Na) et le chlore (Cl) –, c'est donc un **composé.**

Réponse :   élément : B
composé : A

• *Un élément* est une substance pure qui ne peut être décomposée en d'autres substances plus simples.

• *Un composé* est une substance pure constituée de deux ou plusieurs constituants séparables par des moyens chimiques.

16. (Obj. 3.3) Quelle liste ne contient que des éléments?

A) Oxygène, eau distillée, carbone.

B) Air, hélium, soufre.

C) Fer, hydrogène, or.

D) Sel, hydrogène, cuivre.

Solution

L'*eau distillée* dans la liste **A**, l'*air* dans **B** et le *sel* dans **D** sont des composés.

Réponse :   C

Le fer, l'hydrogène et l'or sont des éléments que l'on ne peut pas décomposer en d'autres substances plus simples.

17. (Obj. 3.3) Quelle liste ne contient que des composés?

    A) Eau salée, acier, radium.

    B) Chlorure de sodium, dioxyde de carbone, oxyde de fer.

    C) Alcool à friction, soufre, sel de table.

    D) Hydrogène, acide chlorhydrique, fer.

Solution

Le *radium* dans la liste **A**, le *soufre* dans **C**, et l'*hydrogène* dans **D** sont des éléments, ce ne sont pas des composés.

Réponse : B

En effet, le chlorure de sodium (NaCl) peut être séparé en ses composants : le chlore (Cl) et le sodium (Na). Il en est de même pour le dioxyde de carbone (CO_2) formé de carbone et d'oxygène et pour l'oxyde de fer (Fe_2O_3) dont les éléments constituants sont le fer et l'oxygène.

18. (Obj. 3.3) Les substances suivantes représentent-elles des mélanges ou des composés?

    A) Air.

    B) Eau salée.

    C) Eau distillée.

    D) Chlorure de sodium.

    E) Acier.

Comment distinguer un mélange d'un composé? Un mélange est formé de deux ou plusieurs substances qui, une fois réunies, conservent leurs propriétés caractéristiques. Exemple : le laiton est un alliage de cuivre et de zinc. Dans cet alliage, le cuivre et le zinc ont conservé leurs propriétés caractéristiques : point de fusion, etc.

Solution

Dans un **composé**, les substances constituantes n'ont pas les mêmes caractéristiques que le composé lui-même. Exemple : l'eau (H_2O) est une substance qui possède des propriétés bien définies. Les substances constituantes de l'eau n'ont pas les mêmes propriétés caractéristiques que l'eau elle-même : l'oxygène (O_2) et l'hydrogène (H_2) sont des gaz à température de la pièce, leur point de fusion respectif est beaucoup plus faible que celui de l'eau. De plus, l'oxygène est un gaz inflammable et l'hydrogène est un gaz explosif.

Dans un **mélange,** les proportions peuvent varier et le produit final demeure sensiblement le même. Exemple : si vous augmentez la quantité de lait dans un café vous avez toujours un café au lait. En revanche, si vous faites varier la proportion d'oxygène dans la composition chimique de l'eau (H_2O), vous obtiendrez H_2O_2 c'est-à-dire du peroxyde d'hydrogène qui est un produit n'ayant évidemment pas les mêmes caractéristiques que l'eau. Il est important de noter que l'on peut faire varier les proportions dans un mélange en ajoutant simplement un des constituants, alors que pour faire varier les proportions dans un composé, c'est toujours une réaction chimique qui doit être effectuée.

Réponse :
A : Mélange; **B** : Mélange; **C** : Composé; **D** : Composé; **E** : Mélange.

19. (Obj. 3.3) Indiquez si les substances suivantes formeront des mélanges homogènes (HO) ou hétérogènes (HE).

A) sel dans l'eau;

B) sable dans l'eau;

C) alcool dans l'eau;

D) lait dans café;

E) sucre dans l'eau;

F) essence dans l'eau;

Solution

- On reconnaît un **mélange hétérogène** lorsque l'on peut distinguer la présence de deux ou de plusieurs substances pures qui ne se mêlent pas. Un mélange hétérogène donne donc une composition non-uniforme.
- Un mélange d'au moins deux substances pures donnant une composition uniforme s'appelle un **mélange homogène**.

Réponses :

A : HO; **B** : HE; **C** : HO; **D** : HO; **E** : HO; **F** : HE.

20. (Obj. 3.4) Considérez le schéma de combinaison du fer avec le soufre

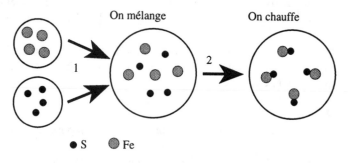

● S ◐ Fe

A) Quel type de mélange est représenté à l'étape 1?

B) À l'étape 2, le fer est combiné au soufre. Le produit obtenu est-il dû à un changement physique ou à un changement chimique?

C) La substance obtenue est-elle un composé, un mélange homogène, un mélange hétérogène ou un nouvel élément?

Solution

A : Dans un mélange homogène, on ne peut distinguer les différentes parties qui constituent le mélange; dans un mélange hétérogène, on peut distinguer les différentes parties qui constituent le mélange.

B : À l'étape 2, il y a formation d'une **nouvelle** matière, ce sera donc un changement chimique.

C : La matière obtenue est un composé, puisqu'elle est formée de plus d'une substance produites à la suite d'une réaction chimique.

Réponse :
A : mélange hétérogène
B : changement chimique
C : composé

21. (Obj. 3.7) Lorsque l'eau passe de l'état liquide à l'état solide, il y a un changement physique. Ce changement est-il un bienfait ou une nuisance pour :

A) l'environnement;

B) la santé;

C) l'économie;

D) la société.

Conseil
Certaines questions demandent des «réponses à développement». Il faut alors traiter tous les éléments de la question et s'assurer de la pertinence de vos réponses. Bien entendu, les réponses que nous vous proposons ici peuvent-être différentes de celles que vous auriez données.

Réponse :
A) Nuisance pour l'environnement : Peut causer des dommages aux arbres en bordure de l'eau.

B) Nuisance pour la santé : Peut causer des accidents graves.

C) Nuisance ou bienfait pour l'économie : Peut empêcher la navigation intérieure. Permet quelquefois de construire des ponts de glace pour traverser les rivières.

D) Bienfait pour la société : Sports d'hiver.

4 L'ATOME

Vous devez apprendre à analyser les différents modèles de l'atome proposés par les scientifiques.

Objectifs intermédiaires	Voie 416	Voie 436	Enrichissement	Contenus
4.1	✓	✓		Discontinuité et continuité de la matière (modèle de Démocrite et d'Aristote)
4.2	✓	✓		Représentation d'une transformation chimique
4.3	✓	✓		Modèle atomique de Dalton
4.4	✓	✓		L'existence de deux sortes de charges électriques
4.5	✓	✓		La présence de charges négatives (les rayons cathodiques)
4.6		✓		La présence de charges positives et négatives (les substances radioactives)
4.7		✓		Modèle atomique de Thomson
4.8		✓		Modèle atomique de Rutherford
4.9	✓	✓		Modèle atomique actuel simplifié

22. (Obj. 4.1) Quelle était la théorie du philosophe grec, Démocrite, au sujet de la matière?

A) Il pensait que l'eau était l'élément fondamental de l'univers.

B) Il pensait que la matière était constituée de particules immobiles et identiques par leurs formes et leurs dimensions.

C) Il pensait que la matière était discontinue, constituée de particules invisibles et indivisibles.

D) Il pensait que la matière était continue et constituée de particules divisibles.

Conseil

Dans chaque théorie de l'atome, il est important de dégager le principe de base qui la différencie des théories précédentes, et qui nous l'a fait adopter.

Solution

Selon Démocrite, la matière était, à l'image du sable, discontinue et formée de particules infiniment petites. Il croyait en outre que ces infimes particules étaient invisibles et indivisibles.

- Les points essentiels de la théorie de Démocrite sont :
  - la matière est constituée de particules **invisibles** (infiniment petites) et **indivisibles**;
  - ces particules sont séparées les unes des autres (il existe un vide entre ces particules), ce qui procure la **discontinuité** de la matière.

Réponse : C

23. (Obj. 4.1) Quelle était la théorie du philosophe grec Aristote au sujet de la matière?

A) Il pensait que l'élément fondamental de l'univers était le feu.

B) Il pensait que la matière était discontinue et constituée de particules invisibles.

C) Il avait opté pour la théorie des quatre éléments (la terre, l'eau, l'air, le feu) qui aurait constitué un modèle continu de la matière.

D) Il pensait que la matière était continue et constituée de particules .

L'évolution d'une théorie n'est pas toujours constante; il arrive que l'on fasse «un pas en arrière». C'est le cas de la théorie de la matière énoncée par Aristote : sa thèse de continuité de la matière nous éloigne, par rapport à Démocrite, de l'explication du modèle atomique aujourd'hui établie.

Solution

Selon Aristote, la matière possédait quatre propriétés : chaud, froid, sec et humide qui, combinées entre elles, engendraient quatre éléments : la terre, l'eau, l'air et le feu. Aristote était contre la théorie de Démocrite car il niait l'existence du vide associé à la discontinuité.

- Les points essentiels de la théorie d'Aristote sont :
  - **les quatre éléments** : la terre, l'eau, l'air et le feu qui constituent un modèle atomique;
  - **la continuité** de la matière.

Réponse :   C

24. **(Obj. 4.3)** **Identifiez dans chaque point (A, B, C, D, E) lequel des choix (1 ou 2) est un élément (postulat) de la théorie de Dalton.**

A) Choix 1 : Les atomes sont sphériques et visibles.

Choix 2 : Les atomes sont indivisibles et invisibles.

B) Choix 1 : Les atomes ont des tailles, formes et masses différentes pour un même élément.

Choix 2 : Les atomes d'un même élément sont identiques.

C) Choix 1 : Les atomes d'éléments différents ont des tailles, formes et masses différentes.

Choix 2 : Les atomes d'éléments différents ont des tailles, formes et masses identiques.

D) Choix 1 : Dans une réaction chimique certains atomes sont créés, d'autres sont perdus.

Choix 2 : Dans une réaction chimique, les atomes se réarrangent et forment de nouvelles substances.

E) Choix 1 : Dans les composés, les atomes se combinent dans n'importe quelle proportion.

Choix 2 : Dans les composés, les atomes se combinent en nombres entiers.

Conseil

Pour répondre correctement à ce problème il faut énumérer les cinq postulats de la théorie de Dalton.

Solution

• Selon Dalton :

1) La matière est constituée de petites particules indivisibles appelées atomes.

2) Les atomes d'un même élément sont identiques.

3) Les atomes d'éléments différents sont différents.

4) Lors d'une réaction chimique les atomes se combinent pour former de nouveaux produits.

5) Les combinaisons d'atomes se font toujours dans des rapports simples.

Réponse :

A : Choix 2; **B** : Choix 2; **C** : Choix 1; **D** : Choix 2; **E** : Choix 2.

25. (Obj. 4.3) Quel est le point commun entre le modèle de Démocrite et celui de Dalton?

A) Dans les composés, les atomes se combinent en nombres entiers.

B) La matière est constituée d'atomes indivisibles.

C) Les atomes d'un même élément sont différents.

D) Les atomes sont différents par leurs formes et leurs dimensions.

E) Les atomes se combinent entre eux pour donner de nouvelles substances.

Dans l'histoire d'une théorie, il est rare qu'un nouveau modèle proposé change complètement la version **R**ᴇᴍᴀʀǫᴜᴇ antérieure. Il y a toujours évolution, et les changements touchent seulement certains points de l'ancienne théorie. Il est donc intéressant de trouver les points communs entre les différentes théories.

Solution

Ici, il faut tout d'abord identifier les propositions émises par Démocrite et celles émises par Dalton. (Référez-vous aux questions 22 et 24.)

A) Dalton

B) Démocrite et Dalton

C) Aucun

D) Dalton

E) Dalton

Réponse : **B**

26. (Obj. 4.4) **Voici des schémas de manifestations électriques de la matière. Deux boules de polystyrène recouvertes d'une mince feuille d'aluminium sont suspendues à une planche. Remplissez les espaces vides représentant la charge et la nature de la force.**

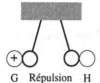 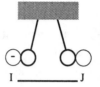

G   Répulsion   H   I _____ J

Solution

 • Selon la théorie de Thomson, deux charges de signes contraires s'attirent (phénomène d'attraction) et deux charges de même signes se repoussent (phénomène de répulsion).

Réponse :
Entre A+ et B+, il y a répulsion.
Entre C+ et D-, il y a attraction.
Entre E- et F+, il y a attraction.
Entre G+ et H+, il y a répulsion.
Entre I- et J-, il y a répulsion.

27. (Obj. 4.4) Les objets s'électrisent lorsqu'on les frotte. Cela s'explique par le fait :

A) qu'un certain nombre d'atomes se déplacent d'un corps vers l'autre;

B) qu'il y a déplacement de charges négatives d'un corps vers l'autre;

C) qu'il y a productions de charges négatives et positives lors du frottement;

D) qu'il y a déplacement des charges négatives d'un corps à l'autre simultanément à un déplacement de charges positives en sens inverse.

Solution

 • Les atomes ne se déplacent pas d'un corps à un autre. Les charges positives ne se déplacent pas non plus. Les charges positives sont les principales composantes de l'atome, elles déterminent l'élément. Seules les charges négatives se déplacent d'un matériau à un autre.

Réponse : **B**

28. (Obj.4.4) **Si un corps est chargé positivement cela signifie que :**

A) tous les électrons sont sortis de ce corps;

B) il y a un surplus de charges positives dans ce corps;

C) le corps a reçu des charges positives et que les charges négatives sont passées dans l'air;

D) il y a un surplus de charges négatives dans ce corps.

Solution

Exemple : si vous avez 43 charges négatives dans un corps et 39 charges positives, il y a un surplus de charges négatives et ce corps est chargé négativement.

43 charges négatives (-) combinées avec 39 charges positives (+) donne un surplus de quatre charges négatives (-) : -43 + 39 = -4

En tenant le même raisonnement pour un surplus de charges positives, vous obtenez la réponse.

Réponse : **B**

29. (Obj. 4.5) **Identifiez dans chaque point(A, B, C, D) quel énoncé (1 ou 2) concerne les rayons cathodiques.**

A) Choix 1 : Ils sont émis par l'anode (électrode positive).

    Choix 2 : Ils sont émis par la cathode (électrode négative).

B) Choix 1 : Ils sont chargés négativement.

    Choix 2 : Ils sont chargés positivement.

C) Choix 1 : Ils sont déviés en présence d'un champ magnétique.

    Choix 2 : Ils ne sont pas déviés en présence d'un champ magnétique.

D) Choix 1 : Ils n'ont pas de masse.

Choix 2 : Ils ont une masse.

Réponse :

A : Choix 2; **B** : Choix 1; **C** : Choix 1; **D** : Choix 2.

- Les rayons cathodiques :
  - sont émis par la cathode (électrode négative);
  - sont chargés négativement;
  - voyagent en ligne droite;
  - sont déviés en présence d'un champ magnétique;
  - ont une masse.

30. (Obj. 4.6) Le schéma suivant montre les radiations émises par un corps radioactif. Identifiez chacun des rayonnements et donnez leurs propriétés.

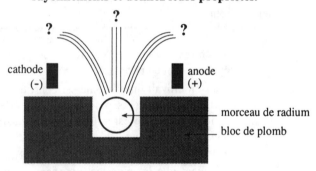

Réponse :

- Un corps radioactif émet trois types de rayons : alpha, bêta et gamma.

  Les rayons déviés du côté de la cathode (électrode négative) s'appellent **rayons alpha**, ils possèdent une masse et leur charge est positive.

  Les rayons déviés du côté de l'anode (électrode positive) s'appellent **rayons bêta**. Ils possèdent une masse et leur charge est négative.

  Les rayons qui ne sont pas déviés s'appellent **rayons gamma.** Ils n'ont ni masse ni charge.

31. (Obj. 4.7 et 4.8) Voici des modèles différents d'atomes. Associez à chacun le nom du modèle qu'il représente : modèle de Thomson, modèle de Bohr, modèle de Rutherford.

A)

B)

C)
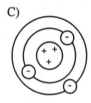

Réponse :

A) Modèle de Rutherford.

B) Modèle de Thomson.

C) Modèle de Bohr.

• Rutherford avait établi que les charges positives sont concentrées au centre de l'atome et que les charges négatives sont en périphérie.

• Thomson croyait que l'atome est constitué de charges positives et négatives pêle-mêle à l'intérieur de lui même. Son modèle est appelé *pain au raisin* ou bien *«pudding» au raisin*.

• Bohr avait perfectionné le modèle de Rutherford en expliquant que les électrons tournent sur des orbites bien déterminées.

32. (Obj. 4.9) Vrai ou Faux.

    A) Un proton pèse plus qu'un électron.

    B) Le proton a la même charge que l'électron.

    C) Un atome a habituellement plus d'électrons que de protons.

    D) L'électron tourne autour du noyau de l'atome.

    E) Le centre de l'atome n'a aucune charge.

    F) Le neutron est situé dans le noyau et ne porte aucune charge.

Solution

À titre d'exemple, voici le schéma de l'atome de lithium.

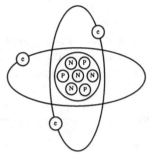

Son numéro atomique est 3 et son nombre de masse est 7. Il contient donc 3 protons (charges positives) situés dans le noyau au cœur de l'atome, 3 électrons (charges négatives) qui gravitent autour du noyau, 4 neutrons (charges neutres) eux aussi dans le noyau au cœur de l'atome. Le nombre de masse se trouve en additionnant le nombre de neutrons (4) et le nombre de protons (3), ce qui donne 7. Les électrons possèdent une masse infiniment plus petite que le proton : environ 1840 fois plus petite. Le proton et le neutron ont sensiblement la même masse; ils composent l'essentiel de la masse de l'atome.

Réponse :

A : Vrai; **B** : Faux; **C** : Faux; **D** : Vrai; **E** : Faux; **F** : Vrai.

33. (Obj. 4.9) Quel énoncé décrit le mieux le nombre de masse et le numéro atomique d'un élément?

A) Le numéro atomique correspond à la somme du nombre de protons et d'électrons; le nombre de masse est égal à la somme des nombres de protons et de neutrons.

B) Le numéro atomique est le même que celui de la masse atomique.

C) Le numéro atomique correspond au nombre d'électrons ou protons de l'atome neutre; le nombre de masse est égal à la somme des nombres de protons et de neutrons.

D) Le numéro atomique est égal à la somme des nombres de protons et de neutrons; le nombre de masse est égal à la masse totale des protons et des électrons.

Solution

Le numéro atomique est le numéro qui détermine l'élément. Il correspond au nombre de protons de l'atome. Dans un atome neutre, le nombre de protons (charges positives) est égal au nombre d'électrons (charges négatives). La masse de l'atome se situe principalement à l'intérieur du noyau de l'atome qui est constitué de neutrons et de protons. Le nombre de masse est la somme des nombres de protons et de neutrons.

Réponse :   **C**

- Le *numéro atomique* correspond au nombre d'électrons ou protons de l'atome neutre.
- Le *nombre de masse* est égal à la somme du nombre de protons et de neutrons.

34. (Obj. 4.9) Complétez le tableau suivant en utilisant le tableau périodique (en annexe, page 242).

Élément	Numéro atomique	Nombre de masse	Nombre de protons	Nombre de neutrons	Nombre d'électrons
		14			7
40 Ca 20					
			31	15	
16 O 8					
			16	16	
				5	4
	19			20	

Conseil

Pour compléter rapidement ce tableau, il faut établir les relations qui existent entre les chiffres des différentes colonnes.

Solution

• Numéro atomique = Nombre de protons = Nombre d'électrons.
• Nombre de masse = Nombre de neutron + Nombre de protons.

Le numéro atomique détermine l'élément.

Réponse :

Élément	Numéro atomique	Nombre de masse	Nombre de protons	Nombre de neutrons	Nombre d'électrons
$^{14}_{7}\text{N}$	7	14	7	7	7
$^{40}_{20}\text{Ca}$	20	40	20	20	20
$^{31}_{15}\text{P}$	15	31	15	16	15
$^{16}_{8}\text{O}$	8	16	8	8	8
$^{32}_{16}\text{S}$	16	32	16	16	16
$^{9}_{4}\text{Be}$	4	9	4	5	4
$^{39}_{19}\text{K}$	19	39	19	20	19

35. (Obj. 4.7 et 4.9) Démocrite et Dalton se sont trompés! L'atome est divisible. Quelle expérience a modifié les modèles atomiques de Démocrite et de Dalton? Décrivez-la.

Réponse :

En utilisant le tube de Crookes (tube à rayons cathodiques) les physiciens ont remarqué que celui-ci émettait des particules. Ces particules pouvaient être déviées dans deux directions selon le sens du potentiel appliqué sur les plaques de dérivation. Ainsi, on a dû concevoir un nouveau modèle atomique qui tiendrait compte du fait que l'atome pouvait être divisé en particules chargées. Thomson proposa alors son modèle de l'atome avec des charges positives et négatives en quantités égales pour que l'ensemble soit neutre.

36. (Obj. 4.8 et 4.9) Thomson s'est trompé! L'atome n'est pas une particule de densité uniforme; l'atome est presque vide (autour d'un petit noyau dense chargé positivement tournent des électrons négatifs). Quelle expérience a modifié le modèle atomique de Thomson? Décrivez-la.

Réponse :

En projetant des rayons alpha (particules positives, noyaux d'hydrogène, protons) sur une mince feuille d'or, Rutherford avait remarqué que les particules traversaient aisément la feuille pour aller frapper un écran phosphorescent situé à l'arrière. Quelques particules étaient repoussées ou semblaient être déviées par une composante au cœur de l'atome. Rutherford en conclut que l'atome n'est pas de densité uniforme, qu'au cœur de celui-ci se situe un noyau où se concentre la masse de l'atome et que le noyau doit être de charge positive puisqu'il repousse les charges positives (rayons alpha). Selon Rutherford, les électrons se situaient en périphérie.

37. (Obj. 4.8 et 4.9) La théorie de Rutherford est incomplète. Le modèle atomique de Rutherford pose un problème : l'électron devrait s'écraser sur le noyau! Qui a apporté un changement dans le modèle atomique de Rutherford? Expliquez ce changement.

Réponse :

- Bohr a perfectionné le modèle de l'atome élaboré par Rutherford. Selon Bohr, le noyau contient les charges positives et l'essentiel de la masse de l'atome; les électrons sont en périphérie; pour expliquer que ceux-ci ne s'écrasent pas sur le noyau, il proposa un modèle où les électrons tourne autour du noyau sur des orbites (appelées orbitales) bien déterminées.

38. (Obj. 4.1, 4.3, 4.7, 4.8 et 4.9) Associez le nom des chercheurs ci-dessous à leur découverte ou recherche.

1) Démocrite   A) L'atome renferme un noyau positif très dense autour duquel sont situés les électrons.

2) Dalton   B) La matière est discontinue; elle est faite de particules indivisibles, d'atomes.

3) Thomson   C) L'atome est une particule de densité uniforme renfermant autant de charges positives que de charges négatives.

4) Rutherford   D) Les électrons gravitent autour du noyau sur des orbites (niveau d'énergie) bien définies.

5) Bohr   E) La matière est faite de particules indivisibles, les atomes. Tous les atomes d'un même élément sont identiques et de même masse. Les atomes se combinent dans des rapports simples.

Réponse :
1: B; **2** : E; **3** : C; **4** : A; **5** : D.

5 LA CLASSIFICATION

Vous devez être en mesure d'analyser la classification périodique des éléments à partir des propriétés de la matière et des modèles atomiques étudiés précédemment.

Objectifs intermédiaires	Voie 416	Voie 436	Enrichissement	Contenus
5.1	✓	✓		Progression de la masse atomique
5.2	✓	✓		Avantages et inconvénients de l'utilisation des isotopes
5.3		✓		Irrégularité de l'évolution de la masse atomique
5.4	✓	✓		Métaux, non métaux et métalloïdes
5.5	✓	✓		Alcalins, alcalino-terreux, halogènes et gaz inertes
5.6		✓		Propriétés des éléments d'une période
5.7			✓	Familles et propriétés
5.8	✓	✓		Classement des familles étudiées à l'aide du modèle atomique actuel simplifié
5.9	✓	✓		Justification du tableau périodique à l'aide du modèle atomique actuel simplifié
5.10			✓	Histoire de la classification périodique

39. (Obj. 5.1) La masse atomique peut être définie comme étant :

A) le nombre de masse d'un élément;

B) la masse totale des électrons, des neutrons et des protons d'un élément;

C) la masse du noyau de l'atome d'un élément comparée à la masse de tous les électrons de cet atome;

D) la masse de l'atome d'un élément comparée à la masse de l'atome du carbone 12 pris comme référence.

Cet exercice et ceux qui suivent ont pour but de différencier les notions :

– nombre de masse,

– masse d'un atome,

– masse atomique.

Il arrive souvent que l'on confonde ces notions, car les termes se ressemblent sans avoir la même signification.

Réponse : **D**

- La *masse atomique* d'un élément est la masse relative de cet élément comparée à la masse de l'atome du carbone 12 pris en référence.

40. (Obj. 5.1) En vous servant du tableau périodique en annexe, complétez le tableau suivant.

Élément	Numéro atomique	Nombre de masse	Masse atomique
40 Ca 20			
			35,453
	15		
	9	19	

Solution

Dans le symbole $^{A}_{Z}X$

A et Z signifient respectivement :

(A) Nombre de masse = Nombre de neutrons + nombre de protons.

(Z) Numéro atomique = Nombre de protons = Nombre d'électrons.

Le numéro atomique détermine l'élément (X).

Réponse :

Élément	Numéro atomique	Nombre de masse	Masse atomique
$^{40}_{20}\text{Ca}$	20	40	40,078
$^{35}_{17}\text{Cl}$	17	35	35,453
$^{31}_{15}\text{P}$	15	31	30,973
$^{19}_{9}\text{F}$	9	19	18,998

41. (Obj. 5.2) Les isotopes peuvent être utiles ou dangereux. Expliquez et donnez des exemples.

Réponse :

Certains isotopes sont chimiquement instables et par ce fait même dangereux. Ils peuvent se décomposer et causer des mutations génétiques chez l'être humain. En revanche, ils sont utiles pour le traitement et le diagnostic de certaines maladies ou dans divers domaines de recherches (carbone 14, pour la datation). Les mêmes isotopes peuvent être à la fois utiles et dangereux : par exemple, les isotopes de l'uranium peuvent être utilisés à des fins pacifiques, comme la production d'énergie, ou à des fins destructrices comme les bombes atomiques.

- Les isotopes d'un élément sont des atomes qui ont le même numéro atomique et une masse différente. Ils renferment un nombre différent de neutrons.

42. (Obj. 5.3) On connaît 3 isotopes du potassium, leur pourcentage d'abondance dans la nature est respectivement de 93,10 %, 0,01 % et 6,89 %.

$$^{39}_{19}\text{K} \qquad ^{40}_{19}\text{K} \qquad ^{41}_{19}\text{K}$$

A) Comment pouvez-vous expliquer les différents nombres de masse des atomes de potassium?

B) Trouvez la masse atomique du potassium.

Solution

• La masse atomique d'un élément qui figure dans le tableau périodique tient compte de l'abondance des différents isotopes dans la nature.

Elle représente la moyenne en tenant compte de l'abondance relative des isotopes.

Pour trouver la masse atomique vous devez calculer la somme :

$$93,10\% \text{ de } 39 = 36,309$$
$$0,01\% \text{ de } 40 = 0,004$$
$$6,89\% \text{ de } 41 = 2,825$$
$$\text{total} : 39,138$$

Réponse :

A) Le nombre de masse d'un élément est déterminé par la somme du nombre de neutrons et de protons. Le nombre de protons étant fixe pour un élément donné, c'est la variation du nombre de neutrons qui détermine la variation du nombre de masse.

B) 39,138

43. (Obj. 5.4) En vous servant de la liste des propriétés ci-dessous, classez en deux colonnes celles qui caractérisent les métaux et celles qui caractérisent les non-métaux.

* Mauvais conducteurs de courant.

* Bons conducteurs de courant.

* Malléables.

* Brillants.

* Réagissent en présence d'un acide.

* Ne réagissent pas en présence d'un acide.

* Bons conducteurs de chaleur.

* Ils se brisent.

* Ils sont ternes.

* Mauvais conducteurs de chaleur.

Conseil

Il faut lire attentivement toutes les propriétés énoncées. Vous vous apercevrez qu'elles ont presque toutes une contre-partie : mauvais conducteurs *versus* bons conducteurs, malléables *versus* se briser etc. Si vous classez un des énoncés, sa contre-partie le sera du même coup.

Réponse :

Métaux	Non-métaux
Bons conducteurs de courant	Mauvais conducteurs de courant
Malléables	Ils se brisent
Brillants	Ils sont ternes
Réagissent en présence d'un acide	Ne réagissent pas en présence d'un acide
Bons conducteurs de chaleur	Mauvais conducteurs de chaleur

44. (Obj. 5.4) Lesquelles des propriétés suivantes correspondent à la notion de famille dans le tableau périodique.

A) Ils ont le même nombre de couches électroniques (nombre de niveaux d'électrons).

B) Ils réagissent tous de la même manière.

C) Ils occupent une même colonne dans le tableau périodique.

D) Ils occupent une même ligne dans le tableau périodique.

E) Ils ont la même masse atomique.

Solution

Lorsqu'il entreprit la classification des éléments dans le tableau périodique, Mendeleïev remarqua que plusieurs éléments avaient un comportement chimique semblable : ils réagissaient de façon similaire.

- On appelle *famille chimique*, les éléments qui ont des propriétés chimiques semblables. Ces éléments de même famille sont placés dans les mêmes colonnes du tableau périodique.

Réponse : **B et C**

45. (Obj. 5.5) **Associez le nom des groupes d'éléments à leur description.**

Groupes

1) Métaux alcalins-terreux
2) Métaux alcalins
3) Halogènes
4) Gaz inertes

Descriptions

A) Famille d'éléments qui ne réagissent pas chimiquement et dont certains peuvent servir dans les enseignes lumineuses.

B) Les métaux mous, bons conducteurs, qui fondent à basse température.

C) Métaux analogues aux alcalins, mais en général plus durs et moins réactifs.

D) Éléments qui ont une grande affinité avec les alcalins (famille IA) et les alcalino-terreux (famille IIA) avec lesquels ils forment des composés (appelés *sel*).

Réponse :
1 et C; 2 et B; 3 et D; 4 et A.

- Les *métaux alcalins* sont des métaux mous, bons conducteurs, qui fondent à basse température.
- Les *métaux alcalins-ferreux* sont analogues aux alcalins, mais en général plus durs et moins réactifs.
- Les *halogènes* sont des éléments qui ont une grande affinité avec les alcalins (famille IA) et les alcalins-ferreux (famille IIA) avec lesquels ils forment des composés.
- Les *gaz inertes* sont des éléments qui ne réagissent pas chimiquement. Certains gaz inertes peuvent servir dans les enseignes lumineuses.

46. (Obj. 5.5) Remplissez les cases vides en vous servant du tableau périodique et nommez les familles chimiques des quatre colonnes.

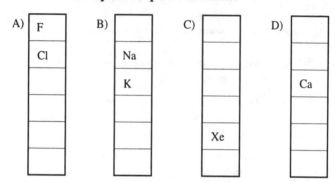

A)

F
Cl

B)

Na
K

C)

Xe

D)

Ca

Réponse :

A)

F
Cl
Br
I
At

B)

Li
Na
K
Rb
Cs
Fr

C)

He
Ne
Ar
Kr
Xe
Rn

D)

Be
Mg
Ca
Sr
Ba
Ra

Les familles chimiques sont :

A : Halogènes; **B** : Alcalins; **C** : Gaz inertes; **D** : Alcalins-terreux.

L'hydrogène (H) peut être classé dans le groupe IA des alcalins puisque, comme eux, il n'a qu'un électron sur son dernier niveau (un seul électron de valence) et qu'il réagit comme les éléments de cette famille. Mais le premier niveau ne pouvant contenir que deux électrons, l'hydrogène (H) peut aussi être classé dans le groupe VIIA des halogènes, car en se combinant avec les éléments de IA, il aura tendance à compléter son orbitale et à réagir comme les éléments de cette famille (NaH).

47. (Obj. 5.6) Quel énoncé décrit le mieux les périodes du tableau périodique?

A) Ce sont les rangées verticales.

B) Ce sont les rangées horizontales.

C) Ce sont les éléments qui ont le même nombre d'électrons sur le dernier niveau.

D) Ce sont les éléments qui ont le même nombre d'électrons.

Solution

Les colonnes du tableau périodique déterminent une *famille chimique*, car on y trouve des éléments qui réagissent de façon similaire étant donné qu'ils ont le même nombre d'électrons sur leur couche périphérique, c'est-à-dire sur leur dernier niveau. Dans les rangées horizontales du tableau figurent les périodes. Dans une période, les éléments ont un point commun : ils ont tous le même nombre de couches d'électrons. À l'intérieur d'une période, vous remarquerez que l'on remplit le même niveau. Par exemple, au deuxième niveau (8 électrons possibles), les numéros atomiques varieront de 3 à 10 (8 éléments). Le premier élément de la deuxième période (le lithium) porte le numéro atomique 3, puisqu'on ne peut placer plus de deux électrons au premier niveau.

Réponse :   B

• *Les périodes* du tableau périodique sont les rangées horizontales. Les éléments d'une période ont tous le même nombre de couches d'électrons.

48. (Obj. 5.6) Déterminez la tendance générale (augmente ou diminue) des propriétés des éléments selon le sens des flèches.

1) Activité chimique

1									2
3	4			5	6	7	8	9	10
↓	↓							↓	
↓	↓							↓	
A	B							C	

2) Masse volumique

3) Points de fusion

4) Rayons atomiques

Conseil

Pour ce genre de question, il faut savoir lire adéquatement les données du tableau périodique ou bien se rappeler les tendances générales des points demandés.

Solution

L'activité chimique des éléments exprime la tendance à réagir avec les autres éléments en donnant ou en recevant des électrons. Elle est en rapport avec le nombre d'électrons sur la dernière couche électronique. Pour les éléments ayant un ou deux électrons sur la dernière couche électronique (alcalins et alcalins-terreux), l'activité chimique augmentera avec le numéro atomique. En effet, pour les éléments d'une même famille, lorsque le numéro augmente, (c'est-à-dire lorsque le nombre de couches augmente), la distance qui sépare la dernière couche du noyau augmente. Cela diminue alors la force d'attraction. Ces atomes ont donc tendance à perdre plus facilement un ou deux électrons (pour rejoindre la configuration électronique du gaz inerte le plus près). Le phénomène inverse se produit pour les halogènes : ils ont plutôt tendance à conserver leurs électrons puisque leur couche périphérique est presque pleine; ils sont donc des receveurs cherchant à garder et capter des électrons.

On observe que la masse volumique (densité en g/cm^3) des éléments de la troisième période augmente pour les premiers éléments et diminue ensuite lorsque l'on se rapproche des gaz inertes.

Les observations des données du tableau périodique nous ont permis de voir la tendance de la masse volumique. Il en est de même pour le point de fusion et le rayon atomique.

Réponse :

1) A   augmente
   B   augmente
   C   diminue

2) D   augmente
   E   diminue

3) F   augmente
   G   diminue

4) H   diminue

49. (Obj. 5.8 et 5.9) Quel énoncé décrit le mieux un électron de valence?

   A) Électron situé sur la couche électronique la plus proche du noyau.

   B) Électron situé sur la dernière couche électronique.

   C) Électron qui s'est détaché de son atome.

   D) Électron libre.

• Par définition, un **électron de valence** est un électron situé sur la dernière couche électronique de l'atome; ce sont ces électrons qui sont responsables de l'activité chimique de l'atome (c'est-à-dire qui sont échangés lors d'une réaction chimique).

REMARQUE Pour les éléments représentatifs (le groupe A) le nombre d'électrons de valence correspond au numéro de la famille.

Réponse : **B**

50. (Obj. 5.8) À partir du modèle atomique de Rutherford-Bohr, construisez un modèle de l'atome qui tient compte des protons, des neutrons et des couches électroniques.

   Par exemple, pour l'atome de sodium (Na) vous auriez :

$$^{23}_{11}Na \quad \left(\begin{array}{c} 11\ p \\ 12\ n \end{array} \right. \quad 2 \bigg) \quad 8 \bigg) \quad 1 \bigg)$$

   A) $^{24}_{12}Mg$

   B) $^{19}_{9}F$

   C) $^{7}_{3}Li$

D) $^{79}_{34}Se$

Conseil

Dans la notation $^A_Z X$

X est le symbole de l'élément de numéro atomique **Z** dont le nombre de masse est **A**.

Solution

Numéro atomique = Nombre de protons = Nombre d'électrons

Nombre de masse = Nombre de neutrons + Nombre de protons

donc :

Nombre de neutrons = Nombre de masse - Nombre de protons.

Le remplissage des couches électroniques se fait en commençant par la couche la plus rapprochée du noyau et en continuant vers les couches périphériques. On doit respecter le nombre d'électrons maximum que peut contenir chaque couche et savoir aussi que la dernière couche ne peut contenir plus de huit électrons.

1re couche : 2 électrons maximum

2e couche : 8 électrons maximum

3e couche : 18 électrons maximum

4e couche : 32 électrons maximum

5e couche : 32 électrons maximum

REMARQUE L'avant-dernière couche remplie doit contenir 32, 18, 8 ou 2 électrons, c'est-à-dire le nombre maximum d'électrons que l'on peut placer en respectant les conditions énoncées plus haut.

Pour le sélénium (Se : Z = 34) comme pour les autres éléments, on commence par la première couche avec 2 électrons (cumulatif = 2); on remplit ensuite la seconde couche avec 8 électrons (cumulatif = 10); la troisième couche avec 18 électrons (cumulatif = 28). Il reste 6 électrons à placer (34 - 28 = 6) sur la dernière couche.

En résumé, pour le sélénium vous auriez :

1re couche : 2 électrons

2e couche : 8 électrons

3e couche : 18 électrons

4e couche : 6 électrons

Réponse :

A) $\begin{matrix} 24 \\ Mg \\ 12 \end{matrix}$ (12 p / 12 n) 2) 8) 2)

B) $\begin{matrix} 19 \\ F \\ 9 \end{matrix}$ (9 p / 10 n) 2) 7)

C) $\begin{matrix} 7 \\ Ll \\ 3 \end{matrix}$ (3 p / 4 n) 2) 1)

D) $\begin{matrix} 79 \\ Se \\ 34 \end{matrix}$ (34 p / 45 n) 2) 8) 18) 6)

51. (Obj. 5.8 et 5.9) Choisissez parmi les configurations électroniques suivantes celle de l'atome de sodium.

A)
11 p
12 n
8) 3)

B)
12 p
10 n
2) 8) 1)

C)
11 p
12 n
2) 8) 1)

D)
11 p
12 n
2) 2) 2) 2) 2) 1)

Conseil

Il faut chercher dans le tableau périodique les éléments pertinents. Sodium (Na) : numéro atomique 11, nombre de masse 23.

Solution

Sodium   23
     Na
   11

Le numéro atomique 11 indique que l'atome neutre de sodium possède 11 électrons (11 é) et 11 protons (11 p). Son nombre de masse 23 nous permet de trouver le nombre de neutrons : 23 - 11 = 12

Le noyau doit contenir 11 protons (11 p) et 12 neutrons (12 p). Il doit y avoir 11 électrons sur les différentes couches. Si on place deux électrons sur la première couche, il en reste 9 à placer. On place 8 électrons sur la deuxième couche et il reste un seul électron à placer sur la dernière couche.

1re couche : 2 électrons; 2e couche : 8 électrons; 3e couche : 1 électron.

Réponse :   C

52. (Obj. 5.8 et 5.9) Identifiez les atomes dont les configurations électroniques sont données ci-dessous.

A) Noyau 2) 8) 3)

B) Noyau 2) 8)

C) Noyau 2) 3)

D) Noyau 2) 8) 8) 2)

Solution

Dans un atome neutre, le nombre d'électrons et le nombre de protons sont égaux. Il suffit de compter le nombre d'électrons et de faire correspondre celui-ci au numéro atomique (Z) dans le tableau périodique.

Réponse :

A : Al (aluminium)   Z=13
B : Ne (néon)   Z=10
C : B (bore)   Z=5
D : Ca (calcium)   Z=20

Il est important de vérifier que la configuration électronique est correcte, c'est-à-dire qu'elle est conforme à la règle.

1re couche :   2 électrons
2e couche :   8 électrons
3e couche :   18 électrons, etc.,

la dernière couche ne pouvant contenir plus de huit électrons.

53. (Obj. 5.8) Identifiez dans les schémas suivants, deux modèles atomiques qui correspondent aux éléments de la famille des métaux alcalino-terreux.

A)

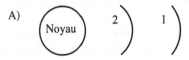

B) Noyau 8) 2)

C) Noyau 2) 8) 2)

D) Noyau 2) 2)

Solution

La famille des métaux alcalino-terreux est caractérisée par le fait que son dernier niveau ne contient que deux électrons. Le schéma **B** ne respecte pas les règles de remplissage, car sa première couche contient 8 électrons.

Réponse :   **C et D**

54. (Obj. 5.9) Soit :

x, le numéro d'une famille,
y, le numéro d'une période;

et

a, le nombre d'électrons de valence,
b, le nombre de niveaux
(nombre de couches d'électrons).

Lesquelles des égalités suivantes sont vraies?

A) $x = a$ B) $x = b$

C) $y = a$ D) $y = b$

Solution

Le numéro d'une famille indique le nombre d'électrons sur la couche périphérique de l'atome. Ces électrons se nomment électrons de valence. Le numéro d'une famille correspond donc aux nombre d'électrons de valence.

Les atomes qui se trouvent dans une rangée horizontale, appelée **période**, ont tous le même dernier niveau à remplir. L'élément qui se trouve à la fin de la période possède alors son dernier niveau complet. Le numéro d'une période correspond donc au nombre de niveaux.

Réponse :   A et D

55. (Obj. 5.9) Complétez le tableau suivant (attention aux cas particuliers de la deuxième et de la quatrième ligne).

Élément	Famille	Période	Nombre d'électrons de valence	Nombre de niveaux
	II A			3
		I	4	
Na				
	VI A		6	
	IV B	IV		

Solution

Comme dans le plan cartésien en mathématiques, il nous suffit de deux coordonnées (verticale et horizontale) pour déterminer un point. Si vous connaissez la période et la famille d'un élément, vous pourrez identifier celui-ci dans le tableau périodique.

Le numéro de la famille correspond au nombre d'électrons de valence. Le nombre de niveaux est identique au numéro de la période.

Il nous faut au moins ces deux coordonnées pour identifier l'élément. À la quatrième ligne, l'élément ne peut être identifié puisque la famille et le nombre d'électrons de valence sont des données équivalentes et qu'il nous manque la période, ou le nombre de niveaux (couches électroniques). À la deuxième ligne, l'élément n'existe pas, car il ne peut y avoir 4 électrons de valence à la première période.

Réponse :

Élément	Famille	Période	Nombre d'électrons de valence	Nombre de niveaux
Mg	II A	III	2	3
N'existe pas		I	4	
Na	IA	III	1	3
Tous les éléments de VI A	VI A	Toutes sauf I	6	Tous sauf I
Ti	IV B	IV	4	4

6 LA MOLÉCULE

Vous devez savoir représenter par un modèle la molécule d'une substance pure, en tenant compte de la classification des éléments, de ses propriétés ainsi que des modèles de l'atome appris précédemment.

Objectifs intermédiaires	Voie 416	Voie 436	Enrichissement	Contenus
6.1	✓	✓		Structure de la molécule d'eau à partir d'une expérience
6.2		✓		Formule moléculaire de l'eau à partir du tableau périodique
6.3		✓		Formule moléculaire des substances composées de deux sortes d'éléments
6.4	✓	✓		Structure de la molécule d'une substance pure à partir de son nom chimique
6.5			✓	Représentation de la molécule
6.6			✓	Composition de la substance pure à l'aide de sa formule structurale
6.7			✓	Structure moléculaire d'une substance pure à l'aide de modèles dimensionnels
6.8			✓	Électrolyse et synthèse de l'eau sous forme d'équation chimique

56. (Obj. 6.1) Remplissez les espaces vides avec les mots suivants :

symbole, atome, formule, élément, composé, molécule.

L'_____ est le constituant d'un élément chimique; on le représente par un _____.

Une réunion d'atome s'appelle une _____.

Si une molécule est constituée d'une seule sorte d'atome, c'est un _____.

Si une molécule est constituée de plusieurs sortes d'atomes, c'est un _____.

Chaque molécule est représentée par une _____.

Réponse :

- L'**atome** est le constituant d'un élément chimique; on le représente par un **symbole**.
- Une réunion d'atome s'appelle une **molécule**.
- Si une molécule est constituée d'une seule sorte d'atome, c'est un **élément**.
- Si une molécule est constituée de plusieurs sortes d'atomes, c'est un **composé**.
- Chaque molécule est représentée par une **formule**.

57. (Obj. 6.1) Parmi les symboles suivants, choisissez ceux qui représentent des atomes et ceux qui représentent des molécules.

A) Co E) O_2

B) $NaCl$ F) $NaHCO_3$

C) Na G) CO

D) CO_2 H) F

Solution

L'atome est un composé élémentaire représenté par un seul symbole. Ce symbole est composé d'une lettre ou de deux lettres, selon le cas; il est toujours représenté par une lettre majuscule en premier. Si on doit prendre deux lettres pour identifier un symbole, la seconde lettre sera alors minuscule.

Une molécule est formée de deux atomes ou plus. Ces atomes peuvent être semblables (ex : O_2).

Réponse :
Atomes :   **A C H**
Molécules :   **B D E F G**

58. (Obj. 6.1) Quels énoncés suivants sont vrais?

A) L'électrolyse de l'eau est un procédé physique.

B) L'électrolyse de l'eau est un procédé chimique.

C) L'électrolyse de l'eau est le procédé permettant la décomposition de l'eau en ses différents constituants sous l'effet d'un courant électrique.

D) Lors de l'électrolyse de l'eau, il se forme un volume deux fois plus grand d'hydrogène que d'oxygène.

E) Lors de l'électrolyse de l'eau, il se forme un volume deux fois plus petit d'hydrogène que d'oxygène.

 Il est aussi important de s'assurer qu'un énoncé, une loi, une formule sont vrais ou corrects que de savoir expliquer pourquoi les autres énoncés, lois ou formules sont faux. On doit pouvoir donner des contre-exemples qui nous permettent de rejeter ces choix.

Solution

 • L'*électrolyse* de l'eau est une décomposition chimique de l'eau sous l'effet d'un courant électrique.

L'électrolyse de l'eau est un changement qui donne de nouvelles substances ayant de nouvelles propriétés, ce n'est donc pas un procédé physique. Lors de l'électrolyse de l'eau, il se forme un volume deux fois plus grand d'hydrogène que d'oxygène.

Réponse :   **B, C, D**.

(59. Obj. 6.3) **Vérifiez la loi de l'octet en combinant**

    a) Le **lithium** (métal) avec le **fluor** (non-métal)
       Numéro de groupe : _____ _____
       Nombre de liens :   _____ _____
       La formule moléculaire de ce composé est :

       _____

    b) Le **magnésium** (métal) avec le **chlore** (non-métal)
       Numéro de groupe : _____ _____
       Nombre de liens :   _____ _____
       La formule moléculaire de ce composé est :

       _____

    c) L'**aluminium** (métal) avec l'**oxygène** (non-métal)
       Numéro de groupe : _____ _____
       Nombre de liens :   _____ _____
       La formule moléculaire de ce composé est :

       _____

Solution

• Chaque atome tend à rejoindre la configuration électronique du gaz inerte le plus près en gagnant ou perdant des électrons. Cette loi s'appelle loi de l'octet dans le cas de 8 électrons de valence et s'appelle loi du doublet dans le cas de 2 électrons de valence.

Par exemple, l'atome de potassium (K) (#19) possède un seul électron sur sa dernière couche. Il aura tendance à perdre cet électron pour rejoindre la configuration électronique de l'argon (Ar) (#18), car en perdant cet électron, la dernière couche disparaît et l'avant dernière couche se trouve être déjà remplie par 8 électrons.

L'atome de fluor (F) (#9) a 7 électrons sur sa dernière couche. Il aura tendance à compléter cette couche en allant «chercher» un électron pour avoir 8 électrons sur sa dernière couche, ce qui lui donnera la configuration du néon (Ne) (#10).

Le nombre de liens que peut établir un atome est donc le nombre d'électrons qu'il doit gagner ou perdre pour que sa dernière couche soit pleine.

Réponse :

a) Numéro de groupe :   IA   VIIA
  Nombre de liens :   1   1
  La formule moléculaire de ce composé est : LiF

b) Numéro de groupe :   IIA   VIIA
  Nombre de liens :   2   1
  La formule moléculaire de ce composé est : $MgCl_2$

c) Numéro de groupe :   IIIA   VIA
  Nombre de liens :   3   2
  La formule moléculaire de ce composé est : Al_2O_3

60. (Obj. 6.3) Combien de liens chimiques peut avoir :

> A) un élément du groupe IIA?
>
> B) un élément du groupe VIII?
>
> C) un élément du groupe VA?
>
> D) un élément du groupe VIA?

Solution
Il faut déterminer le nombre d'électrons de valence et voir si la tendance est de perdre ou de gagner des électrons. Il faut ensuite calculer le nombre d'électrons en jeu, ce qui vous donne le nombre de liens chimiques que l'élément peut avoir.

Réponse :
A) 2
B) aucun, la dernière couche est remplie.
C) 3
D) 2

61. (0bj. 6.3) Indiquez les formules moléculaires des composés dans le tableau suivant :

Composé	Baryum et Iode		Lithium et Chlore		Aluminium et Brome	
Symbole						
Groupe						
Perte d'électrons						
Gain d'électrons						
Nombre de liens						
Formule						

Solution

Par convention, on place généralement l'élément qui perd ses électrons au début de la formule moléculaire.

Réponse :

Composé	Baryum et Iode		Lithium et Chlore		Aluminium et Brome	
Symbole	Ba	I	Li	Cl	Al	Br
Groupe	IIA	VIIA	IA	VIIA	IIIA	VIIA
Perte d'électrons	2		1		3	
Gain d'électrons		1		1		1
Nombre de liens	2	1	1	1	3	1
Formule	BaI_2		$LiCl$		$AlBr_3$	

62. (Obj. 6.3) Lequel des choix suivants est vrai?

A) Un atome est stable quand il possède autant de neutrons que de protons.

B) Un atome est stable quand il possède huit électrons sur sa dernière couche.

C) Un atome est stable quand il réagit seulement avec les atomes du même groupe.

D) Un atome est stable quand sa dernière couche est remplie.

Solution

À première vue, deux réponses semblent acceptables (**B** et **D**). Il faudra trouver ce qui les distingue. Un atome est stable s'il n'a tendance ni à perdre ni à gagner d'électrons. Donc, un atome est chimiquement stable si sa dernière couche est complète. Dans la majorité des cas, le dernier niveau est complet si la couche périphérique comporte 8 électrons, mais il ne faut pas oublier la première période qui, elle, est complète avec seulement deux électrons.

Réponse :   **D**

63. (Obj. 6.3) **Parmi les formules moléculaires données ci-dessous, choisissez les formules fausses et corrigez-les.**

> A) H_2
>
> B) $LiCl_2$
>
> C) CaO
>
> D) Al_3S_2
>
> E) NaO_2
>
> F) SiO_2

Solution

Rappelez-vous la loi de l'octet (ou du doublet). Référez vous à la solution de la question 61.

Réponse :
B) $LiCl$
D) Al_2S_3
E) Na_2O

64. (Obj. 6.4) **Donnez la formule moléculaire ou le nom chimique, selon le cas.**

A) Dioxyde de carbone _____

B) _____ CO

C) Tétrachlorure de carbone _____

D) _____ SO_3

E) _____ CaS

F) Hexafluorure d'uranium _____

Solution

Remarquez bien les adjectifs formés à l'aide des noms d'éléments chimiques, c'est le principal indice. Il faut aussi connaître les suffixes multiplicateurs : tétra (4), hexa (6), tri (3), di (2), mono (1), etc.

Exemple : dans la formation de la formule moléculaire du **CO_2**, le premier élément du composé se retrouve inchangé dans le nom (C = carbone), mais il se retrouvera à la fin du *nom chimique*.

Le deuxième élément, l'**oxygène** (O_2), se retrouve au début quand on donne le nom chimique et il est précédé de son multiplicateur **2 (di)**.

Ce qui forme le nom du composé : le **dioxyde de carbone.**

Réponse :

A) CO_2
B) Monoxyde de carbone
C) CCl_4
D) Trioxyde de soufre
E) Sulfure de calcium
F) UF_6

65. (Obj. 6.4) **Quel schéma représente la formation du dioxyde de soufre SO$_2$ (l'atome de soufre est représenté par le disque foncé et l'atome d'oxygène par le disque ombragé)?**

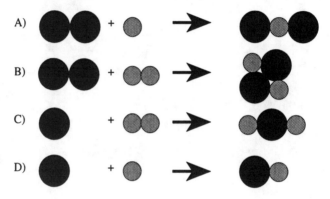

Réponse : C

PRÉTEST*

Section A

1. Dans un atelier, Louis trouve 5 bouteilles sans étiquette contenant chacune une substance pure. Pour chacune de ces substances liquides incolores, il note les propriétés suivantes :

   1) le point d'ébullition
   2) la masse
   3) le volume
   4) la masse volumique

   Quelles propriétés permettraient à Louis d'identifier ces liquides?
   A) 1 et 2
   B) 1 et 3
   C) 2 et 4
   D) 1 et 4

2. Au cours d'expérience de laboratoire, on a identifié trois gaz bien connus :

   a) l'oxygène (dioxygène)
   b) le gaz carbonique (dioxyde de carbone)
   c) l'hydrogène (dihydrogène)

   à l'aide des propriétés caractéristiques suivantes :
   1) Le gaz brouille l'eau de chaux
   2) Il explose à la flamme
   3) Il rallume un tison

   Associez le gaz avec la propriété caractéristique qui permet de l'identifier.

   A) a et 1   b et 2   c et 3
   B) a et 2   b et 1   c et 3
   C) a et 3   b et 1   c et 2
   D) a et 3   b et 2   c et 1

*   Les réponses du prétest sont en annexe à la page 225.

3. Stéphanie veut enlever le papier peint de sa chambre. Elle utilise un appareil qui émet un jet de vapeur d'eau très chaude.

Quel énoncé explique le changement qui se produit?

A) C'est un changement chimique, car la vapeur d'eau très chaude brûle le papier peint.

B) C'est un changement physique, car la vapeur d'eau très chaude brûle le papier peint.

C) C'est un changement chimique, car la vapeur d'eau très chaude dissout la colle retenant le papier peint.

D) C'est un changement physique, car la vapeur d'eau très chaude dissout la colle retenant le papier peint.

4. Au laboratoire, on a chauffé de petits morceaux de calcaire dans un creuset à 1000°C pendant 15 minutes et on les a laissés refroidir. Avant et après le chauffage, on a procédé aux tests suivants : mesure de la masse, observation de la couleur des morceaux, effet de l'eau et effet de l'acide acétique (vinaigre). On a obtenu les résultats suivants :

Test	Avant le chauffage	Après le chauffage
Masse	10,0 g	5,7 g
Couleur	gris foncé	blanc
Effet de l'eau	aucun	effervescence
Effet du vinaigre	effervescence	aucun

Que peut-on déduire de ces résultats?

A) Il y a eu un changement physique parce que la nature de la substance n'a pas été modifiée.

B) Il y a eu un changement chimique parce que la nature de la substance a été modifiée.

C) Il y a eu un changement physique parce que la nature de la substance a été modifiée.

D) Il y a eu un changement chimique parce que la nature de la substance n'a pas été modifiée.

5. Mathieu propose une façon d'obtenir de la vapeur d'eau. Voici la description de ses manipulations.

1) Il sort un glaçon du congélateur et le laisse fondre à la température ambiante.

2) Il fait l'électrolyse de l'eau obtenue pour produire du dihydrogène (H_2) et du dioxygène (O_2).

3) Il mélange les deux gaz dans un contenant.

4) Il fait exploser le mélange gazeux à l'aide d'une étincelle électrique et il obtient de la vapeur d'eau.

Classez les manipulations réalisées par Mathieu selon qu'il s'agit de changements chimiques ou de changements physiques

A) Changements chimiques :   1 et 2
   changements physiques :   3 et 4
B) Changements chimiques :   2 et 4
   changements physiques :   1 et 3
C) Changements chimiques :   1 et 3
   changements physiques :   2 et 4
D) Changements chimiques :   3 et 4
   changements physiques :   1 et 2

6. Au laboratoire, on vous remet une poudre rose dans une éprouvette. Votre enseignante vous informe qu'il s'agit d'une substance pure.

En chauffant l'éprouvette, vous observez un dégagement de gaz et la formation d'un résidu noir.

Que peut-on conclure à propos de la substance initiale?

A) C'est un élément.
B) C'est un composé.
C) C'est une solution.
D) C'est un mélange.

7. Parmi les caractéristiques suivantes, lesquelles permettent de décrire un atome à l'aide du modèle actuel simplifié (Rutherford-Bohr)?

1)   Le nombre d'électrons est égal au nombre de protons.
2)   Le nombre de protons est égal au nombre de neutrons.
3)   Le noyau est composé des neutrons, des protons et des électrons.
4)   Le noyau est composé des neutrons et des électrons.
5)   Le noyau est composé des protons et des neutrons.
6)   Les protons gravitent autour du noyau.
7)   Les électrons gravitent autour du noyau.

Choix de réponses :

A)   2, 5 et 7
B)   1, 4 et 6
C)   1, 2 et 3
D)   1, 5 et 7

8.   Quel est parmi les énoncés suivantes la caractéristique commune aux modèles de Thomson et Rutherford?

A)   L'atome est formé de charges positives et de charges négatives.
B)   Les charges négatives sont distribuées uniformément dans l'atome.
C)   Les électrons gravitent autour du noyau.
D)   Le noyau des atomes est composé de protons et de neutrons.

9.   L'étude des comportements de la matière a permis d'imaginer un modèle simple comme celui de Rutherford-Bohr.
Si le numéro atomique de l'oxygène est 8 et son nombre de masse 16 quel schéma, selon ce modèle, représente l'atome d'oxygène?

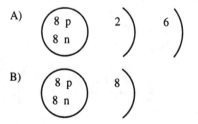

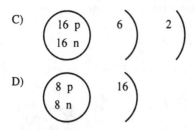

C) 16 p / 16 n   6)   2)

D) 8 p / 8 n   16)

10. Dans le tableau de classification périodique, on trouve les éléments suivants :

      18 - Ar - Argon
      19 - K - Potassium
      25 - Mn - Manganèse
      35 - Br - Brome

Que nous révèle la position de ces éléments dans le tableau de classification périodique?

A)   Argon est un gaz inerte.
      Potassium est un alcalin.
      Manganèse est un métal.
      Brome est un non-métal.

B)   Argon est un non-métal.
      Potassium est un métal.
      Manganèse est un métal.
      Brome est un alcalino-terreux.

C)   Argon est un gaz inerte.
      Potassium est un métal.
      Manganèse est un halogène.
      Brome est un non-métal.

D)   Argon est un halogène.
      Potassium est un alcalin.
      Manganèse est un métal.
      Brome est un non-métal.

11. Après l'électrolyse d'une substance inconnue, on mesure 30 ml d'un gaz x et 10 ml d'un gaz y.

Lequel des modèles suivants représente la molécule de la substance inconnue?

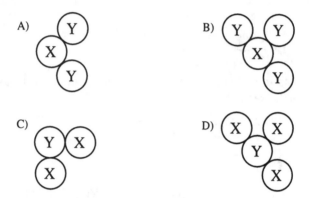

12. Le carbone brûle en présence de l'oxygène (dioxygène) pour former du dioxyde de carbone (CO_2)

L'atome de carbone est représenté par ● et l'atome d'oxygène par ◉.

Quel modèle représente cette réaction chimique?

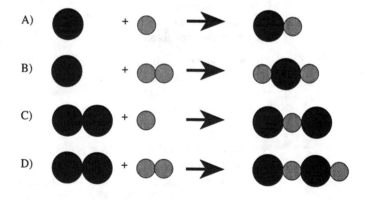

13. Parmi les structures suivantes, indiquez celle qui illustre le mieux le tétrachlorure de carbone (carbone : ● et chlore : ◉)

14. Pauline a chauffé un mélange de poudre de soufre et de plomb dans une éprouvette fermée par une membrane de caoutchouc. Après la réaction, elle observe du soufre sur les parois de l'éprouvette et du sulfure de plomb au fond.

Quel modèle représente cette transformation chimique?
On représente le soufre par ◉ et le plomb par ●.

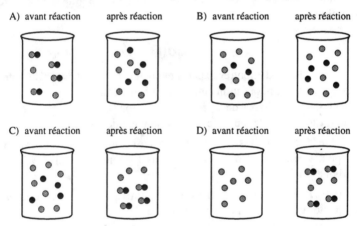

Section B

1. Claude chauffe dans une éprouvette une substance solide. Elle observe un dégagement de gaz et il reste un solide gris dans l'éprouvette.

La substance de départ est-elle un composé ou un élément? Justifiez votre réponse.

2. Dans la structure du tableau périodique, on a classé dans une même famille les éléments qui ont un comportement chimique semblable.

À quelle caractéristique du modèle atomique actuel simplifié (Rutherford-Bohr) est associé ce regroupement?

3. En vous servant du modèle atomique, expliquez pourquoi le lithium, le sodium et le potassium manifestent une grande réactivité chimique.

Section C

1. Vous devez démontrer expérimentalement aux collègues de votre classe que l'eau pure est un composé de deux éléments.

Quelles sont les étapes de votre démonstration?

Laissez les traces de toutes les étapes de votre démarche.

2. On a décollé les étiquettes de trois bonbonnes contenant respectivement de l'oxygène, de l'hydrogène et du dioxyde de carbone.

Élaborez un protocole qui vous permettra de remettre chaque étiquette sur la bonbonne correspondante.

Laissez les traces de toutes les étapes de votre démarche.

3. Un chercheur a noté en laboratoire des renseignements relatifs à un élément :

    1)   solide;

    2)   mauvais conducteur de la chaleur et de l'électricité;

    3)   dont le noyau de l'atome de cet élément contient moins de 18 protons;

    4)   dont la dernière couche électronique possède 5 électrons.

Quel est cet élément?
Justifiez votre réponse en invoquant au moins trois arguments.

4. Au cours de vos travaux de recherche, vous notez des informations sur les cinq éléments suivants :

Élément A : - solide,
          - conduit le courant électrique,
          - possède 2 électrons sur sa couche électronique extérieure,
          - masse volumique faible.

Élément B : - masse volumique très faible,
          - ne conduit pas le courant électrique,
          - possède 7 électrons sur sa couche électronique extérieure,
          - couleur vert très pâle.

Élément C : - existe en très petite quantité dans la nature,
          - ne forme pas de composés avec les autres éléments,
          - gazeux,
          - point d'ébullition très bas.

Élément D : - conduit le courant électrique,
          - mauvais conducteur de la chaleur,
          - très dur,
          - non ductile et non malléable.

Élément E : - solide,
          - ductile et malléable,
          - bonne conductibilité électrique et thermique,
          - point de fusion peu élevé.

Justifiez votre classification des éléments ci-dessus en les classant dans les métaux, les non-métaux ou les métalloïdes.
Laissez les traces de toutes les étapes de votre démarche.

MODULE

Phénomènes
électriques

*Ce module a pour but de vous faire explorer, à l'aide de
la méthode scientifique, les propriétés électriques de la
matière, les impacts de la production, de la
transformation et de l'utilisation de l'énergie électrique
sur l'environnement
et la vie des Québécois.*

1- La recherche

2- Le magnétisme

3- Les circuits électriques

4- L'énergie électrique

5- La loi de la conservation de l'énergie

6- La transformation de l'énergie

PRÉTEST

1 LA RECHERCHE

Cet objectif a pour but de vous apprendre à mesurer au moins une des variables qui caractérisent un circuit électrique en vous servant d'un instrument que vous avez construit. Cet objectif ne fait pas l'objet d'évaluation.

2 LE MAGNÉTISME

Faire l'analyse des caractéristiques d'un champ magnétique.

Objectifs intermédiaires	Voie 416	Voie 436	Enrichissement	Contenus
2.1	✓	✓		Classification des substances à partir du magnétisme
2.2	✓	✓		Configuration d'un champ magnétique
2.3	✓	✓		Champs magnétiques des solénoïdes
2.4	✓	✓		L'effet du noyau
2.5			✓	Aimantation et modèle atomique
2.6	✓	✓		Facteurs influençant le champ magnétique d'un électro-aimant
2.7			✓	Force magnétique d'un électro-aimant
2.8	✓	✓		Magnétisme et électromagnétisme dans des biens de consommation
2.9			✓	Histoire du magnétisme

1. (Obj. 2.1) Complétez le tableau en associant à chaque propriété sa description.

Propriété	Description
Substance magnétique	
Substance ferromagnétique	
Substance non-magnétique	

Choix de descriptions :

1) Substance non influencée par le magnétisme.

2) Substance qui possède la propriété d'attirer le fer et certaines autres substances.

3) Substance qui est fortement attirée par un aimant.

Conseil

Vous pouvez avoir de la difficulté à distinguer ces trois notions, surtout les notions «magnétique» et «ferromagnétique». La connaissance de votre grammaire française pourra vous aider : la distinction entre la forme active et la forme passive du verbe **attirer** éclairera la différence qui existe entre ces notions.
Une substance magnétique *attire* (**forme active**).
Une substance ferromagnétique *est attirée* (**forme passive**).
Une substance **non-magnétique** n'a pas les propriétés des substances magnétiques ou ferromagnétiques : elle n'attire pas d'autres substances et elle n'est pas attirée par d'autres.

Solution

Si une substance n'est pas influencée par le magnétisme, on dira qu'elle est non-magnétique. En revanche, si elle est fortement influencée par le magnétisme, c'est une substance ferromagnétique. Le ferromagnétisme est aussi la propriété de certaines matières de devenir temporairement des aimants lorsqu'elles sont à proximité de ceux-ci.

Si une substance a la propriété d'attirer le fer et certaines autres substances (le nickel et le cobalt par exemple), c'est une substance magnétique.

Réponse :

Propriété	Description
Substance magnétique	Substance qui possède la propriété d'attirer le fer et certaines autres substances.
Substance ferromagnétique	Substance qui est fortement attirée par un aimant.
Substance non-magnétique	Substance non influencée par le magnétisme.

2. (Obj. 2.2) **Quelle figure représente les lignes de champs magnétiques autour d'un barreau aimanté.**

A)  D)

B)  E)

C)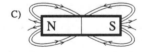

Conseil

Comme vous l'avez déjà remarqué dans les questions à choix multiples, il faut d'abord dégager tous les facteurs essentiels à une notion et ensuite éliminer les réponses qui ne remplissent pas les conditions requises.

• Trois facteurs sont importants dans la notion d'orientation du champ magnétique.

1) Les lignes de champs sortent du pôle nord et entrent dans le pôle sud.

2) Les lignes de champs passent à l'extérieur de l'aimant.

3) Les lignes de champs ne se coupent jamais.

Solution

Les figures **A**, **C** et **E** ne respectent pas le premier critère; la figure **B** ne respecte pas le second critère.

Réponse : **D.**

3. **(Obj. 2.2)** **Représentez les lignes de champs magnétiques dans les situations suivantes :**

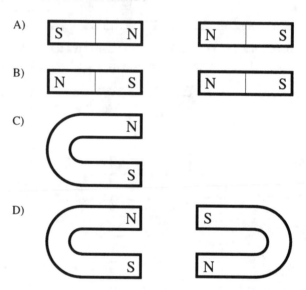

Solution

À proximité d'un barreau aimanté, les lignes de champs magnétiques vont toutes du pôle nord au pôle sud par l'extérieur du barreau.

Réponse :

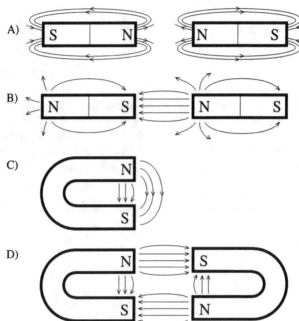

4. (Obj. 2.3) **Indiquez le sens des lignes de champs magnétiques pour chacun des fils traversés par un courant électrique.**

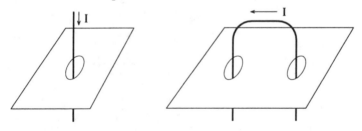

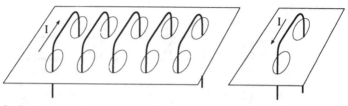

Solution

 • Pour déterminer l'orientation du champ magnétique engendré par un courant continu autour d'un fil rectiligne, vous utilisez la *1ère règle de la main droite pour un fil* : le pouce pointe dans le sens du courant et vos doigts indiquent le sens du champ magnétique autour du fil.

Réponse :

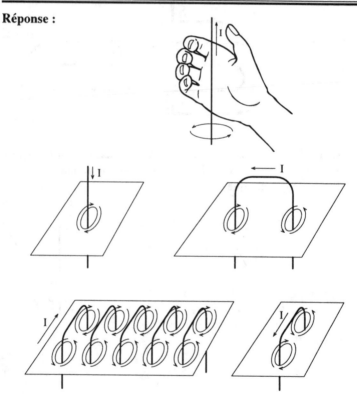

5. (Obj. 2.3) Observez les représentations suivantes de solénoïdes parcourus par un courant électrique. Est-ce que l'aiguille de la boussole correspond à la situation indiquée? (Le côté noir indique le pôle nord.)

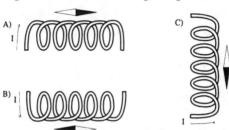

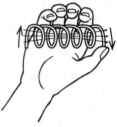

Solution

• Un solénoïde est un enroulement d'un certain nombre de spires, d'un conducteur isolé.

• Pour déterminer l'orientation du champ magnétique engendré par un courant continu au voisinage d'un solénoïde, vous devez utiliser la 2e règle de la main droite pour un solénoïde. Vos doigts doivent être placés dans le sens du courant selon l'enroulement, votre pouce indiquant le nord créé par le solénoïde. La **partie foncée de la boussole (nord)** sera attirée par le sud du solénoïde.

Réponse :
A) Oui   **B)** Non   **C)** Non

6. (Obj. 2.4 et 2.6) Dans les espaces vides, inscrivez les mots «augmente» ou «diminue», selon le cas.

Lorsque le nombre de spires d'un solénoïde _____, le champ magnétique augmente d'intensité. Lorsque l'intensité du courant électrique parcourant un solénoïde diminue, le champ magnétique _____ d'intensité. Lorsque, dans un solénoïde dont le noyau ne contient que de l'air, on insère un noyau constitué d'une substance ferromagnétique (comme du fer doux), l'intensité du champ magnétique _____.

Conseil

Deux notions mathématiques sont essentielles à la bonne compréhension de ce problème : la proportionnalité directe et la proportionnalité inverse.

Prenons l'équation A = B • C

Si le facteur **B** augmente, le facteur **A** augmente (en gardant C fixe).

Si le facteur **C** augmente, le facteur **A** augmente (en gardant B fixe).

Dans ces deux cas, l'augmentation d'un facteur fait augmenter l'autre facteur. On parlera ici de **proportionnalité directe.**

Si l'on maintient la valeur de **A** fixe, et que l'on fait varier les autres termes en conservant l'égalité, on obtiendra les constatations suivantes :

Quand le facteur **B** augmente, le facteur **C** doit diminuer pour conserver l'égalité;

Quand le facteur **C** augmente, le facteur **B** doit diminuer pour conserver l'égalité.

Dans ces deux cas, l'augmentation d'un facteur fait diminuer l'autre facteur. On parlera ici de **proportionnalité inverse.**

- La «force» d'un solénoïde est directement proportionnelle à trois facteurs :
  1) la longueur du conducteur (nombre de spires);
  2) l'intensité du courant le parcourant, c'est-à-dire que si l'un de ces facteurs augmente, la «force» du champ magnétique augmente;
  3) le type de noyau utilisé.

Réponse :

Lorsque le nombre de spires d'un solénoïde **augmente**, le champ magnétique augmente d'intensité. Lorsque l'intensité du courant électrique parcourant un solénoïde diminue, le champ magnétique **diminue** d'intensité. Lorsque, dans un solénoïde dont le noyau ne contient que de l'air, on insère un noyau constitué d'une substance ferromagnétique (comme du fer doux), l'intensité du champ magnétique **augmente**.

7. (Obj. 2.6) Lequel des solénoïdes représentés ci-dessous est capable de soulever la plus grande masse ? Justifiez votre réponse.

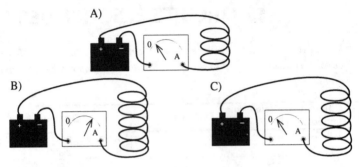

Solution

La «force» d'un solénoïde est proportionnelle au nombre de spires (longueur du fil) et à l'intensité du courant électrique traversant ce fil.

Les solénoïdes **A** et **C** sont traversés par le même courant, mais le solénoïde **C** ayant plus de spires, il sera plus «fort» que le solénoïde **A**.

Il nous reste à faire un choix entre les solénoïdes **B** et **C**. Les solénoïdes **B** et **C** ont le même nombres de spires, mais le solénoïde **B** est traversé par un courant plus élevé, il sera donc plus puissant.

Réponse :   **B**

3 LES CIRCUITS ÉLECTRIQUES

Vous devez être en mesure d'analyser les variables caractéristiques de diverses associations d'éléments de circuits électriques.

Objectifs intermédiaires	Voie 416	Voie 436	Enrichissement	Contenus
3.1	✓	✓		Substances conductrices et substances isolantes
3.2	✓	✓		Facteurs influençant la conductibilité électrique
3.3	✓	✓		Mesure d'intensité du courant
3.4	✓	✓		Mesure de différences de potentiels
3.5	✓	✓		Conductance
3.6	✓	✓		Résistance
3.7	✓	✓		Résistances équivalentes (circuits en série et en parallèle)
3.8		✓		Résistances équivalentes d'un circuit mixte
3.9	✓	✓		Concept d'erreur
3.10			✓	Erreur induite par un instrument de mesure
3.11	✓	✓		Loi des courants
3.12	✓	✓		Loi des tensions
3.13			✓	Modèle analogique de la différence de potentiel
3.14	✓	✓		Fonctionnement d'un circuit électrique
3.15	✓	✓		Exercices numériques (circuit en série et en parallèle)
3.16		✓		Exercices numériques (circuit mixte)
3.17			✓	Exercices numériques
3.18			✓	Vérification expérimentales

8. (Obj. 3.1 et 3.2) Complétez le texte avec les mots suggérés :

isolants(2), conductibilité, température, diamètre, conducteurs(2), nature, longueur.

La _____ électrique d'un corps est son aptitude à conduire le courant. La conductibilité d'un élément de circuit dépend de sa _____, de sa _____, de son _____ et de sa _____. Les substances qui peuvent être traversées par un courant électrique s'appellent _____, sinon on les appelle des _____. Dans les _____ les charges se dispersent facilement, tandis que dans les _____ elles demeurent localisées.

Réponse :

- La **conductibilité** électrique d'un corps est son aptitude à conduire le courant. La conductibilité d'un élément de circuit dépend de sa **température**, de sa **nature**, de son **diamètre** et de sa **longueur**. Les substances qui peuvent être traversées par un courant électrique s'appellent **conducteurs**, sinon on les appelle des **isolants**. Dans les **conducteurs** les charges se dispersent facilement, tandis que dans les **isolants** elles demeurent localisées.

9. (Obj. 3.1)   Corrigez le tableau suivant :

Conducteurs	Mauvais conducteurs	Isolants
le fer	le cuir	la porcelaine
le plastique	le verre	la terre humide
le plomb	le caoutchouc	le quartz
le cuivre	l'eau courante	l'ébonite

Solution

Les substances dans lesquelles on observe le déplacement des charges qui forment le courant électrique s'appellent **conducteurs**. En revanche, les substances dans lesquelles les charges restent dans les régions où elles ont été créés s'appellent **isolants.** En général, on retrouve les meilleurs conducteurs parmi les métaux et les alliages. Cependant les acides et le carbone (graphite), qui est un métalloïde, peuvent aussi conduire le courant. Les substances classées comme mauvais conducteurs peuvent, elles aussi, conduire le courant mais beaucoup plus difficilement que les «bons» conducteurs. Il serait donc plus exact de dire que toutes les substances conduisent le courant électrique, mais à un certain degré.

Réponse :

Conducteurs	Mauvais conducteurs	Isolants
le fer	la terre humide	la porcelaine
le plomb	l'eau courante	le verre
le cuivre		le quartz
		l'ébonite
		le cuir
		le caoutchouc
		le plastique

10. (Obj.3.2) **Quels facteurs n'influencent pas la conductibilité des métaux?**

A) La température du conducteur

B) La couleur du conducteur

C) La longueur du conducteur

D) La nature du conducteur

Solution

La conductibilité électrique d'un corps est son aptitude à conduire le courant. Les électrons qui voyagent dans le matériau sont responsables de ce courant. Les dimensions (longueur, diamètre) d'un conducteur auront une influence sur le passage des électrons. Si le conducteur est plus long, les électrons auront un trajet plus long à parcourir et, du même coup, la résistance au passage du courant sera augmentée. Les différents types de matériaux utilisés pourront empêcher ou faciliter le passage du courant. Si la température du corps (conducteur) est basse, cela facilite le passage du courant.

Réponse : **B**

11. (Obj. 3.2) Observez les graphiques suivants :

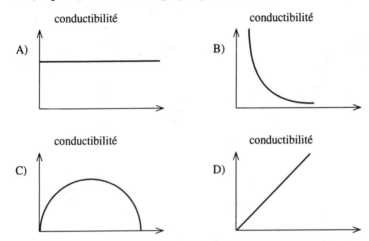

Quel graphique représente le mieux la variation de la conductibilité d'un conducteur électrique en fonction :

1) de l'aire de sa section,

2) de sa longueur.

Conseil

Il faut considérer les notions de proportionnalité directe et de proportionnalité inverse. Le graphique de la proportionnalité directe est toujours une droite croissante passant par l'origine. Le graphique pour la proportionnalité inverse est une courbe semblable à celle représentée par le graphique **B**) (elle s'appelle hyperbole).

Réponse :
1) **D**
2) **B**

12. (Obj. 3.3) Dans quel circuit l'ampèremètre et le voltmètre sont-ils correctement branchés?

A)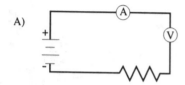

B)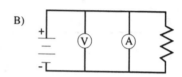

C)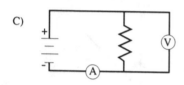

D)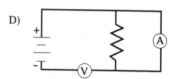

Solution

- Pour être correctement branché, un voltmètre doit être placé en parallèle (en dérivation) aux bornes du résistor dont nous voulons lire la tension. L'ampèremètre, lui, doit se trouver en série pour être capable de mesurer le courant qui traverse la branche choisie.

Réponse : C

13. (Obj. 3.3 et 3.4) Dans les circuits suivants indiquez :

1) trois emplacements possibles de l'ampèremètre dans le circuit a;

2) trois emplacements possibles du voltmètre dans le circuit b.

A)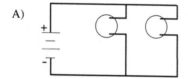

B)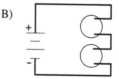

Solution

Se référer aux conditions énoncées à la question 12.

Réponse :

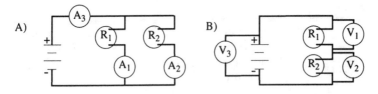

A) A_1 mesure le courant passant seulement par la résistance R_1.

A_2 mesure le courant passant seulement par la résistance R_2.

A_3 mesure le courant passant par la source, il mesure donc la somme des courants passant par les deux résistances.

B) V_1 mesure la différence des potentiels aux bornes de la résistance R_1.

V_2 mesure la différence des potentiels aux bornes de la résistance R_2.

V_3 mesure la différence des potentiels aux bornes de la source, il mesure donc la somme des différences de potentiels aux bornes des deux résistances.

14. (Obj. 3.5) Au laboratoire, on a tracé les graphiques représentants l'intensité du courant (I) en fonction de la différence de potentiel (U) pour deux appareils électriques.

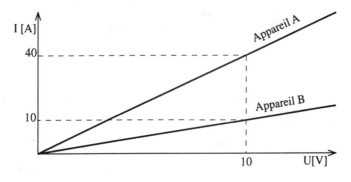

a) Calculez la conductance de chaque appareil.

b) Quel appareil possède la plus grande conductance?

c) Calculez la résistance électrique de chaque appareil.

d) Quel appareil possède la plus grande résistance?

Solution

- La conductance **G** est le rapport de l'intensité du courant (**I**) sur la différence de potentiel(**U**), soit **G** = I/U; elle mesure la facilité des charges à circuler à travers le résistor.

- La résistance **R** est le rapport de la différence de potentiel(**U**) sur l'intensité du courant (**I**), soit **R** = U/I; elle mesure la difficulté des charges à circuler à travers le résistor.

 REMARQUE La résistance est l'inverse de la conductance :
$$R = {}^1\!/_G .$$

L'appareil qui possède la plus grande résistance a la plus petite conductance.

Réponse :

a) Appareil A   G = 4,0 S   **b)**   Appareil A
    Appareil B   G = 1,0 S

c) Appareil B   R = 1,0Ω   **d)**   Appareil B
    Appareil A   R = 0,25Ω

15. (Obj. 3.3 et 3.6) **Lorsque l'intensité du courant électrique dans un résistor est de 2,0 A, on observe que la différence de potentiel à ses bornes est de 30 V.**

a) Tracez le graphique représentant l'intensité du courant I en fonction de la différence de potentiel U.

b) Quelle serait l'intensité du courant dans ce résistor si la différence de potentiel augmentait à 50 V?

c) Quelle serait la différence de potentiel si l'intensité du courant doublait (par rapport à sa valeur initiale)?

d) Quelle serait la différence de potentiel si l'intensité du courant diminuait de moitié?

Solution

a) Lorsqu'on demande de tracer le graphique de l'intensité du courant **I** en fonction de la différence de potentiel **U**, le courant **I** se trouve en ordonnée (axe vertical) et le potentiel **U** en abscisse (axe horizontal). La formule **I = G • U** décrit la relation de proportionnalité directe entre l'intensité du courant et la différence du potentiel, c'est donc une relation linéaire. Pour tracer ce graphique il nous suffit d'avoir un seul point (l'autre est le point 0,0).

b)
De la relation $R = \dfrac{U}{I}$,

on a : $R = \dfrac{30V}{2A} = 15\Omega$.

De la relation $I = \dfrac{U}{R}$,

on a pour la nouvelle valeur de U :

$I = \dfrac{50V}{50\Omega} = 3,3A$.

c) et **d)** Les réponses **c** et **d** sont des conséquences de la relation de proportionnalité directe entre **U** et **I**. C'est-à-dire que le potentiel augmente autant de fois qu'augmente l'intensité, ou il diminue autant de fois que diminue l'intensité.

Réponse :

a)

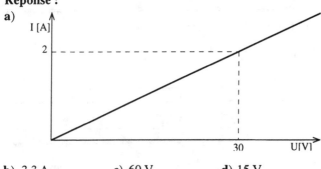

b) 3,3 A   **c)** 60 V   **d)** 15 V

16. (Obj. 3.3 et 3.6) Considérons le circuit électrique suivant :

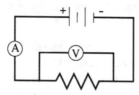

a) Complétez le tableau en vous référant à la loi d'Ohm.

U (V)	I (A)	R (Ω)
15	3	
	0,5	8
30		10

b) Est-il possible d'avoir un tableau de valeurs comme ci-dessous? Justifiez votre réponse.

U (V)	3	9	12	16	32
I (A)	1	3	4	5	16

Solution

• La *loi d'Ohm* est représentée par l'équation : $U = R \cdot I$

Référez-vous toujours à la formule $U = R \cdot I$

Réponse :

a)

U (V)	I (A)	R (Ω)
15	3	5
4	0,5	8
30	3	10

b) Non , parce que le rapport U/I n'est pas constant dans tous les cas.

17.(Obj. 3.3 et 3.6) Vrai ou faux?

    a) Un ampèremètre se branche en série.

    b) Un voltmètre mesure la tension et se branche en série.

    c) Lorsque la conductance augmente, la résistance diminue.

    d) $I = G \cdot U$ représente adéquatement la loi d'Ohm pour un résistor de conductance G.

    e) Quand les résistors sont en série, la résistance équivalente est égale à la somme des résistances.

    f) Quand les résistors sont en parallèle, la résistance équivalente est égale à l'inverse de la somme des résistances.

    g) Ohm a énoncé la loi des tensions et la loi des courants.

    h) La loi qui exprime la différence de potentiel en fonction de la résistance et du courant s'appelle la loi de Kirchhoff.

    i) La somme des différences de potentiels à une jonction d'un circuit vaut toujours zéro.

    j) À n'importe quelle jonction d'un circuit, la somme des courants qui entrent est égale à la somme des courants qui sortent.

Réponse :

a) **Vrai**

b) **Faux**, le voltmètre se branche en parallèle

c) **Vrai**

d) **Vrai**

e) **Vrai**

f) **Faux**, la résistance équivalente est égale à l'inverse de la somme des inverses des résistances.

g) **Faux**, ces lois ont été énoncées par Kirchhoff.

h) **Faux**, c'est la loi d'Ohm.

i) **Faux**, c'est la somme des différences de potentiels pour une boucle fermée qui est égale à 0 (loi de Kirchhoff sur les tensions).

j) **Vrai**

18. (Obj. 3.7 et 3.8) Dans chacun des circuits ci-dessous, trouvez la valeur manquante.

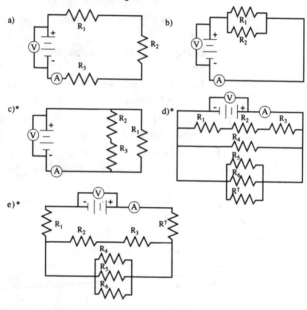

Les circuits marqués d'astérisques ne concernent que la voie 436.

a) $I = 0,5$ A $R_1 = 5\ \Omega$ $R_2 = 10\ \Omega$
     $R_3 = 15\ \Omega$ $U = ?$

b) $I = ?$ $R_1 = 5\ \Omega$ $R_2 = 10\ \Omega$
     $U = 20$ V

c) $I = 5$ A $R_1 = ?$ $R_2 = 5\ \Omega$
     $R_3 = 10\ \Omega$ $U = 30$ V

d) $I = ?$ $R_1 = 2\ \Omega$ $R_2 = 3\ \Omega$
     $R_3 = 10\ \Omega$ $R_4 = 10\ \Omega$ $R_5 = 5\ \Omega$
     $R_6 = 10\ \Omega$ $R_7 = 5\ \Omega$ $U = 6$ V

e)   I = 3 A R_1 = ? R_2 = 2 Ω
     R_3 = 3 Ω R_4 = 5 Ω R_5 = 5 Ω
     R_6 = 2,5 Ω R_7 = 3 Ω   U = 18 V

Solution :

- Dans un circuit en série, la résistance équivalente (Re) est égale à la somme des résistances des éléments du circuit.
- Dans un circuit en parallèle, l'inverse de la résistance équivalente (1/Ré) est égale à la somme des inverses des résistances.

a) $U = (R_1 + R_2 + R_3) \cdot I = 30\,\Omega \cdot 0,5\,A = 15\,V$

b) $\dfrac{1}{R_{\text{éq}}} = \dfrac{1}{5\,\Omega} + \dfrac{1}{10\,\Omega} = \dfrac{3}{10\,\Omega}$

   $R_{\text{éq}} = \dfrac{10}{3}\,\Omega$

   $U = R \cdot I$

   $I = \dfrac{U}{R} = \dfrac{20V}{\dfrac{10}{3}\,\Omega} = 6\,A$

c) $I_{2,3} = \dfrac{U}{R_2 + R_3} = \dfrac{30\,V}{15\,\Omega} = 2A$

   $I_1 = 5A - 2A$

   $R_1 = \dfrac{U}{I_1} = \dfrac{30V}{3A} = 10\,\Omega$

d) $R_{1,2,3} = 2\,\Omega + 3\,\Omega + 10\,\Omega = 15\,\Omega$

   $\dfrac{1}{R_{5,6,7}} = \dfrac{1}{R_5} + \dfrac{1}{R_6} + \dfrac{1}{R_7} = \dfrac{1}{5\,\Omega} + \dfrac{1}{10\,\Omega} + \dfrac{1}{5\,\Omega} = \dfrac{1}{2\,\Omega}$

   $R_{5,6,7} = 2\,\Omega$

   $\dfrac{1}{R_{1,2,3-4-5,6,7}} = \dfrac{1}{15\,\Omega} + \dfrac{1}{2\,\Omega} + \dfrac{1}{10\,\Omega} = \dfrac{20}{30\,\Omega} = \dfrac{2}{3\,\Omega}$

   $R_{1,2,3-4-5,6,7} = 1,5\,\Omega$

   $I = \dfrac{U}{R} = \dfrac{6V}{1,5\,\Omega} = 4A$

e) $\dfrac{1}{R_{4,5,6}} = \dfrac{1}{5\,\Omega} + \dfrac{1}{5\,\Omega} + \dfrac{1}{2,5\,\Omega} = \dfrac{4}{5\,\Omega}$

$R_{4,5,6} = 1,25\,\Omega$

$R_{2,3} = 2\,\Omega + 3\,\Omega = 5\,\Omega$

$\dfrac{1}{R_{2,3-4,5,6}} = \dfrac{1}{R_{2,3}} + \dfrac{1}{R_{4,5,6}} = \dfrac{1}{5\,\Omega} + \dfrac{4}{5\,\Omega} = \dfrac{1}{1\,\Omega}$

$R_{2,3-4,5,6} = 1\,\Omega$

$R_{2,3-4,5,6-7} = 1\,\Omega + 3\,\Omega = 4\,\Omega$

$U_{2,3-4,5,6-7} = I \cdot R = 3A \cdot 4\,\Omega$

$R_1 = \dfrac{U}{I} = \dfrac{18V - 12V}{3A} = \dfrac{6V}{3A} = 2\,\Omega$

Réponse :

a : U = 15 V; **b** : I = 6 A; **c** : R_1 = 10 Ω; **d** : I = 4 A; **e** : R_1 = 2 Ω.

19. (Obj. 3.11 et 3.12) **Parmi les énoncés suivants, choisissez celui de la loi de Kirchhoff sur le courant (la loi des courants) et celui de la loi de Kirchhoff sur les différences de potentiel (la loi des tensions).**

A) Dans un circuit en série, la tension aux bornes de la source est égale à la somme des tensions aux bornes des éléments du circuit.

B) L'intensité du courant dans un circuit en série est la même à tous les points du circuit.

C) Dans un circuit en parallèle, l'intensité du courant dans le circuit principal est égal à la somme des intensités dans les branches du circuit.

D) Dans un circuit en parallèle, la tension est la même aux bornes de la source et aux bornes de chaque élément du circuit.

Réponse :

C) Loi de Kirchhoff sur le courant.

A) Loi de Kirchhoff sur les différences de potentiel.

Même si les deux autres énoncés (**B** et **D**) sont vrais, ils ne sont que les conséquences des lois de Kirchhoff.

• *Loi de Kirchhoff sur le courant :*

Dans un circuit en parallèle, l'intensité du courant dans le circuit principal est égale à la somme des intensités dans les branches du circuit.

• *Loi de Kirchhoff sur les tensions :*

Dans un circuit en série, la tension aux bornes de la source est égale à la somme des tensions aux bornes des éléments du circuit.

20. (Obj. 3.11) Indiquez par des flèches les courants qui arrivent et ceux qui sortent de la jonction, de manière à représenter la loi de Kirchhoff sur le courant.

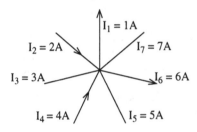

Solution

La somme algébrique des courants en un point d'un circuit est nulle.

$$I_1 + I_2 + I_3 + I_4 + I_5 + I_6 + I_7 = 0$$

Les courants entrant dans le nœud (en un point) seront notés positifs (+) et les courants sortant seront notés négatifs (-). Les courants dont on ne connaît pas le sens seront notés ±. Il nous restera à déterminer quel signe donner à ces courants pour que la somme soit nulle :,

$$I_1 \ + I_2 \ + I_3 \ + I_4 \ + I_5 \ + I_6 \ + I_7 \ = 0$$
$$-1 \ +2 \ \pm 3 \ +4 \ \pm 5 \ -6 \ \pm 7 \ = 0$$

En faisant la somme des courants connus on obtient : - 1

En essayant les différentes combinaisons possibles pour obtenir **0** on aura :

$$-1 + 3 + 5 - 7 = 0$$

Réponse :

Le courant I_3 est +
donc entrant dans le nœud.

Le courant I_5 est +
donc entrant dans le nœud.

Le courant I_7 est -
donc sortant du nœud.

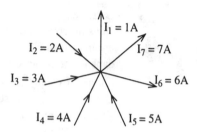

21. (Obj. 3.12) Quel dessin représente la loi de Kirchhoff sur les tensions.

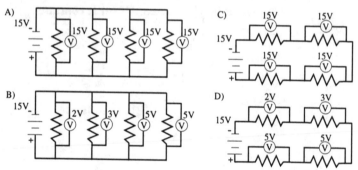

Solution

Dans une boucle fermée, la tension aux bornes de la source est égale à la somme des tensions aux bornes des autres éléments du circuit.

Réponse :   **D**

22. (Obj. 3.15) Quelle est la valeur de l'intensité I_t dans le circuit suivant si :

$$I_1 = 3 \text{ A}$$
$$R_1 = 6 \, \Omega$$
$$R_2 = 9 \, \Omega$$

Solution

$U_1 = R_1 \cdot I_1 = 18V$

alors $U_2 = 18V$

de l'autre côté $U_2 = R_2 \cdot I_2$

donc $I_2 = \dfrac{U_2}{R_2} = \dfrac{18V}{9\Omega} = 2A$

D'où $I_t = I_2 + I_3 = 3A + 2A = 5A$

Réponse : $I_t = 5\,A$

23. (Obj. 3.15) **Dans le circuit ci-dessous les résistances valent respectivement $R_1 = 4\,\Omega$, $R_2 = 12\,\Omega$ et l'intensité I = 2 A.**

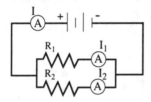

Calculez l'intensité des courants I_1 et I_2 et la valeur de la tension U.

Solution

On peut vérifier que la somme des courants dans les branches secondaires est égale au courant dans la branche principale.

$R_{1,2} = \dfrac{1}{\dfrac{1}{4\Omega} + \dfrac{1}{12\Omega}} = 3\Omega$

$U = R_{1,2} \cdot I = 3\Omega \times 2A = 6V$

Mais aussi :

$U = R_1 \cdot I$ alors $I_1 = \dfrac{U}{R_1} = \dfrac{6V}{4\Omega} = 1,5A$

et $U = R_2 \cdot I_2$ alors $I_2 = \dfrac{U}{R_2} = \dfrac{6V}{12\Omega} = 0,5A$

Réponse :
$I_1 = 1,5$ A
$I_2 = 0,5$ A

24. (Obj. 3.17) Calculez le courant circulant dans les résistances R_1 et R_2, si $R_1 = 20\Omega$ et $R_2 = 40\ \Omega$.

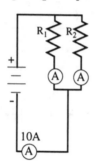

Solution

$$R_{1,2} = \frac{1}{\dfrac{1}{20\Omega} + \dfrac{1}{40\Omega}} = 13,33\Omega$$

et $U_{1,2} = R_{1,2} \bullet I = 133,3V$

alors $I_1 = \dfrac{U_{1,2}}{R_1} = \dfrac{133,3V}{20\Omega} = 6,66A$

et $I_2 = \dfrac{U_{1,2}}{R_2} = \dfrac{133,3V}{40\Omega} = 3,33A$

Réponse :
$I_1 = 6,66$ A
$I_2 = 3,33$ A

25. (Obj. 3.15) **Dans le circuit suivant :**

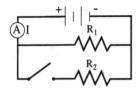

il y a deux résistors R_1 et R_2. Quand l'interrupteur est ouvert, l'ampèremètre indique une intensité de 2 A. Quelle intensité indiquera l'ampèremètre quand on aura fermé l'interrupteur?
$R_1 = 4\ \Omega$ et $R_2 = 2\ \Omega$

Solution

Lorsque le circuit est ouvert, il ne contient que la résistance R_1

On a : $U = R_1 \cdot I$

d'où : $U = 4\ \Omega \cdot 2\ A = 8\ V$

Lorsque l'interrupteur est fermé, R_1 et R_2 sont en parallèle

alors $\dfrac{1}{R_{1,2}} = \dfrac{1}{4\Omega} + \dfrac{1}{2\Omega}$

d'où $R_{1,2} = \dfrac{4}{3\Omega}$

U vaut toujours 8V,

en appliquant la formule $U = R_{1,2} \cdot I$
nous obtenons :

$8V = \dfrac{4}{3\Omega} \cdot I$

donc $I = 6\ A$

Réponse : $\quad I = 6\ A$

26. (Obj. 3.15) Dans le circuit ci-dessous :

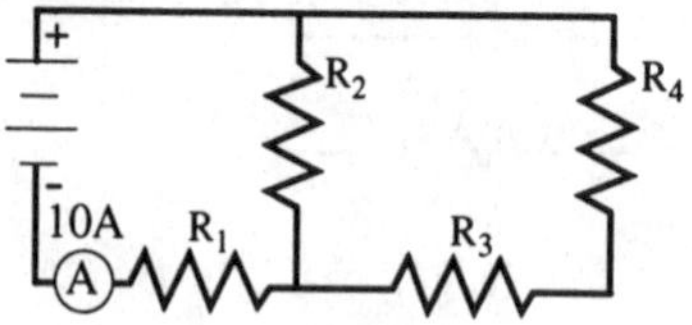

$$R_1 = 10 \ \Omega \quad R_2 = 20 \ \Omega \quad R_3 = 20 \ \Omega \quad R_4 = 40 \ \Omega$$

a) Calculez la résistance équivalente du circuit.

b) Calculez la tension aux bornes de la source.

c) En vous servant de la résistance équivalente,
   déterminez la tension aux bornes du résistor R_2.

Solution

a) $R_{3,4} = 60 \ \Omega$ (R_3 et R_4 en série)

   $R_{3,4\text{-}2} = 15 \ \Omega$ ($R_{3,4}$ et R_2 en parallèle)

   $R_{3,4\text{-}2\text{-}1} = 25 \ \Omega$ ($R_{3,4\text{-}2}$ et R_1 en série), ce qui nous donne la résistance

   équivalente du circuit.

b) $U = R_{éq} \cdot I$

   d'où $U = 25 \ \Omega \cdot 10 \ A = 250 \ V$

c) $U_2 = (R_{éq} - R_1)I$

   alors, $U_2 = (25 \ \Omega - 10 \ \Omega) \cdot 10 \ A = 150 \ V$

Réponse :
a : $R_{éq} = 25 \ \Omega$; **b** : 250 V; **c** : 150 V.

27. (Obj. 3.16) Calculez le potentiel U_{AB} dans le circuit suivant :

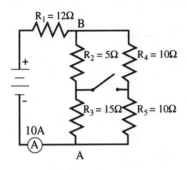

a) lorsque l'interrupteur est ouvert;

b) lorsque l'interrupteur est fermé.

Solution

a) $R_{2,3} = 20 \ \Omega$ et $R_{4,5} = 20 \ \Omega$

alors $I_{2,3} = I_{4,5}$ et $I_{2,3} + I_{4,5} = 10$ A

d'où $I_{2,3} = 5$ A

$U_{AB} = R_{2,3} \cdot I_{2,3} = 20 \ \Omega \cdot 5A = 100$ V

b) $R_{3,5} = 6 \ \Omega$ (en parallèle)

$$R_{2,4} = \frac{10}{3} \Omega \text{ (en parallèle)}$$

$$R_{2,5-2,4} = \frac{10}{3} \Omega + 6\Omega = \frac{28}{3} \Omega$$

donc $U_{A, B} = R_{3,5-2,4} \cdot I = \frac{28}{3} \Omega \cdot 10A = 93,3 V$

Réponse :

a) $U_{AB} = 100$ V
b) $U_{AB} = 93,3$ V

28. (Obj. 3.16) Complétez le tableau se rapportant au circuit suivant :

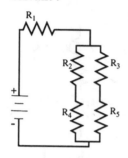

U (V)	R (Ω)	I (A)
$U_1 =$	$R_1 = 50$	$I_1 =$
$U_2 =$	$R_2 =$	$I_2 = 2$
$U_3 =$	$R_3 = 10$	$I_3 =$
$U_4 = 10$	$R_4 =$	$I_4 =$
$U_5 = 30$	$R_5 =$	$I_5 = 3$

Solution

$$I_4 = I_2 = 2 \text{ A} \quad \text{c'est le même courant qui traverse les résistances en série.}$$

$$I_3 = I_5 = 3 \text{ A} \quad \text{c'est le même courant qui traverse les résistances en série.}$$

$$I_1 = I_2 + I_3 = 5 \text{ A} \quad \text{somme des courants en un point.}$$

$$U_1 = R_1 \cdot I_1 = 50 \ \Omega \cdot 5 \text{ A} = 250 \text{ V}$$

$$U_3 = R_3 \cdot I_3 = 10 \ \Omega \cdot 3 \text{ A} = 30 \text{ V}$$

$$R_5 = \frac{U_5}{I_5} = \frac{30V}{3A} = 10\Omega$$

$$R_4 = \frac{U_4}{I_4} = \frac{10V}{2A} = 5\Omega$$

$$U_2 + U_4 = U_3 + U_5 = 60 \text{ V}$$

$$U_2 = U_3 + U_5 - U_4 = 60 \text{ V} - 10 \text{ V} = 50 \text{ V}$$

$$R_2 = \frac{U_2}{I_2} = \frac{50V}{2A} = 25\Omega$$

Réponse :

U (V)	R (Ω)	I (A)
$U_1 = 250$	$R_1 = 50$	$I_1 = 5$
$U_2 = 50$	$R_2 = 25$	$I_2 = 2$
$U_3 = 30$	$R_3 = 10$	$I_3 = 3$
$U_4 = 10$	$R_4 = 5$	$I_4 = 2$
$U_5 = 30$	$R_5 = 10$	$I_5 = 3$

 # 4 L'ÉNERGIE ÉLECTRIQUE

Vous pouvez pouvoir déterminer la quantité d'énergie électrique consommée dans un circuit.

Objectifs intermédiaires	Voie 416	Voie 436	Enrichissement	Contenus
4.1	✓			Coût d'utilisation d'un appareil électrique
4.2	✓	✓		Unité d'intensité du courant électrique
4.3	✓	✓		Unité de mesure de la différence de potentiel
4.4	✓			Unités définissant l'énergie électrique
4.5	✓	✓		Utilisation des lignes à haute tension
4.6	✓	✓		Exercices numériques

29. (Obj. 4.1) Complétez le tableau suivant en associant le symbole au terme qu'il représente.

Grandeur	Formule	Unité (SI)	Autre unité
	$P = U \bullet I$	$1W = 1V \bullet A$	
Énergie E			Kilowatt-heure

Réponse :

Grandeur	Formule	Unité (SI)	Autre unité
Puissance P	$P = U \bullet I$	$1W = 1V \bullet A$	Joule/sec
Énergie E	$E = U \bullet I \bullet t$	$1J = 1W \bullet s$	Kilowatt-heure

30. (Obj. 4.1) **La plaque signalétique d'un séchoir à cheveux porte les indications suivantes : 120 V   1 000 W**

    a) Quelle est la consommation d'énergie électrique en kW • h pendant 30 minutes?

    b) Quel est le coût de fonctionnement de cet appareil durant 3 heures si le taux est de 0,04 \$/kW • h?

Solution

$U = 120$ V
$P = 1\,000$ W $= 1$ kW
$t = 30$ min $= 0,5$ h

a) $E = P[kW] \cdot t[h]$
    $E = 1$ kW $\cdot 0,5$ h $= 0,5$ kW $\cdot$ h

b)   Coût = Consommation • Taux
    Coût = $P[kW] \cdot t[h] \cdot 0,04\$/kW{\cdot}h$
    Coût = 1 kW $\cdot 3$ h $\cdot 0,04$ \$/kW•h $= 0,12$ \$

Réponse :
a) $E = 0,5$ kW•h
b) Coût = 0,12 \$

31. (Obj. 4.1) **Une lampe porte l'indication suivante :**
    120 V   100 W

    a) Quelle est l'intensité du courant traversant cette lampe lorsqu'elle fonctionne?

    b) Si elle demeure en fonction 6 heures par jour, quel est le coût d'utilisation sur une période de 2 mois (61 jours) si l'électricité est facturée au tarif unitaire de 0,0454 \$/kW•h?

Solution

U = 120 V
P = 100 W

a) P = U • I

d'où I = $\dfrac{P}{U}$

alors I = $\dfrac{100V}{120W}$ = 0,833A

b) Coût = Consommation • Taux

Coût = P[kW] • t[h] • 0,0454$/kW • h

Coût = 0,1kW • (6h/jour • 61jours) • 0,0454$/kW • h = 1,66$

Réponse :
a) I = 0,833 A
b) Coût = 1,66 $

32. (Obj. 4.1, 4.2, 4.3) Reproduisez le tableau suivant en associant correctement les termes de la première colonne avec les formules de la deuxième et les unités de la troisième colonne.

Nom	Formule	Unité
Courant électrique	U = R•I	Joule (J)
Tension	E = U•I•t	Watt (W)
Puissance	I = Q/t	Ampère (A)
Énergie	P = U•I	Volt (V)

Réponse :

Nom	Formule	Unité
Courant électrique	I = Q/t	Ampère (A)
Tension	U = R•I	Volt (V)
Puissance	P = U•I	Watt (W)
Énergie	E = U•I•t	Joule (J)

33. (Obj. 4.2 et 4.3) Complétez les phrases avec les mots suivants :

augmente, diminue, constante.

Plus le débit de charge électrique _____, plus l'intensité du courant augmente. Au fur et à mesure que l'on branche des piles en série, la différence de potentiel _____. Lorsque les électrons effectuent un travail (pour traverser le circuit ou les résistors) le potentiel de ces électrons _____ et la différence de potentiel _____. Plus l'énergie consommée dans le circuit augmente, plus la différence de potentiel _____ lorsque l'intensité du courant est _____.

Réponse :
Plus le débit de charge électrique **augmente**, plus l'intensité du courant augmente. Au fur et à mesure que l'on branche des piles en série, la différence de potentiel **augmente**. Lorsque les électrons effectuent un travail (pour traverser le circuit ou les résistors) le potentiel de ces électrons **diminue** et la différence de potentiel **augmente**. Plus l'énergie consommée dans le circuit augmente, plus la différence de potentiel **augmente** lorsque l'intensité du courant est **constante**.

34. (Obj. 4.3) Dans les circuits suivants, la tension de chaque pile est de 1,5 V. Quels sont les circuits portant les bonnes indications?

A)

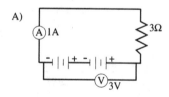

B)

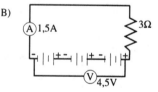

C)

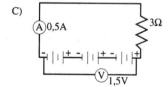

D)

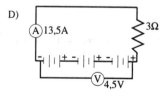

Solution
Lorsque les piles sont placées en série, leur tensions s'additionnent. Ce qui n'est pas le cas pour le circuit **C**. De plus la relation U = RI doit toujours être respectée.

Réponse :   **A** et **B**

35. (Obj. 4.6) Quelle est la quantité d'énergie consommée lorsqu'une charge de 4 C traverse un résistor dont la différence de potentiel à ses bornes est de 16 V?

Solution
Données :
$$Q = 4\ C$$
$$U = 16\ V$$

$$E = U \cdot I \cdot t$$
$$et\ Q = I \cdot t$$

si l'on remplace I • t par Q dans l'équation de l'énergie on obtient :
$$E = U \cdot Q$$

$$E = 16\ V \cdot 4\ C = 64\ J$$

Réponse : $E = 64\ J$

36. (Obj. 4.6) Quelle est la puissance dissipée par un résistor de 9 Ω parcouru par un courant de 3 A?

Solution
$$P = ?$$
$$R = 9\ \Omega$$
$$I = 3\ A$$
On a $P = R \cdot I^2$ alors $P = 9\ \Omega \cdot (3\ A)^2 = 81\ W$

Réponse : $P = 81\ W$

37. (Obj. 4.6) Quelle est la puissance d'un élément chauffant de 50 Ω qui fonctionne sur une alimentation de 120 V?

Solution

$P = ?$

$R = 50\ \Omega$
$U = 120\ V$

On a $P = \dfrac{U^2}{R}$

alors $P = \dfrac{(120V)^2}{50\Omega} = 288W$

Réponse : $P = 288\ W$

38. (Obj. 4.6) Calculez la puissance dissipée par le circuit suivant :

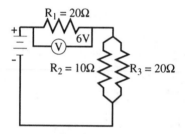

Solution

Les deux résistances R_2 et R_3 sont en parallèle; pour trouver la résistance équivalente, on peut donc utiliser la formule :

$$\frac{1}{R_{2,3}} = \frac{1}{R_2} + \frac{1}{R_3}$$

en substituant les valeurs numériques

$$\frac{1}{R_{2,3}} = \frac{1}{10\Omega} + \frac{1}{20\Omega} = \frac{3}{20\Omega}$$

alors $R_{2,3} = \dfrac{20}{3}\Omega$

La résistance que l'on vient de calculer est en série avec R_1, par conséquent, la résistance équivalente pour tout le système se calcule de la façon suivante :

$$R_{éq} = R_1 + R_{2,3} = 20\Omega + \frac{20}{3}\Omega = \frac{80}{3}\Omega$$

Pour calculer la puissance totale qui est égale à $R_{éq} \cdot I^2$, il faut trouver le courant qui traverse la résistance équivalente. On voit bien que c'est le même courant qui traverse la résistance R_1; ainsi d'après la loi d'Ohm,

$$U = R \cdot I \text{ et } I = \frac{U}{R}$$

finalement $I = \frac{6V}{20\Omega} = \frac{3}{10}A$

On peut maintenant calculer la puissance :

$$P = R_{éq} \cdot I^2 = \frac{80}{3}\Omega \cdot \left(\frac{3}{10}A\right)^2 = 2,4 W$$

Réponse : P = 2,4 W

39. (Obj. 4.6) Combien d'énergie sera consommée en 3 heures par le circuit ci-dessous?

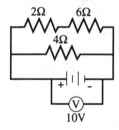

Solution

$E = U \cdot I \cdot t$

$\text{et } I = \dfrac{U}{R}$

$\text{alors } E = \dfrac{U^2 \cdot t}{R}$

$R_{2,6} = 2\Omega + 6\Omega = 8\Omega \,(\text{en série})$

$\dfrac{1}{R_{2,6-4}} = \dfrac{1}{8\Omega} + \dfrac{1}{4\Omega} = \dfrac{3}{8\Omega}$

$R_{2,6-4} = \dfrac{8}{3}\Omega$

Le temps doit être converti en secondes qui sont les unités du système international (SI).

$t = 3\ h = 3\ h \cdot 3\,600\ s/h = 10\,800\ s$

$U = 10\ V$

$\text{alors } E = \dfrac{(10V)^2 \cdot 10\,800s}{\dfrac{8}{3}\Omega} = 405\,000K = 405kJ$

Réponse : $\quad$ E = 405 000 J ou bien 405 KJ

LA LOI
5 DE LA CONSERVATION
DE L'ÉNERGIE

Vous devez appliquer la loi de la conservation de l'énergie avec laquelle vous vous êtes familiarisé au cours d'expériences de laboratoire.

Objectifs intermédiaires	Voie 416	Voie 436	Enrichissement	Contenus
5.1	✓	✓		Énergie électrique consommée par un résistor
5.2	✓	✓		Énergie thermique
5.3	✓	✓		Énergie électrique transformée en énergie thermique
5.4		✓		Exercices numériques
5.5			✓	Transformation d'énergie

40. (Obj. 5.2) **Cochez les facteurs influençants la quantité d'énergie thermique absorbée ou libérée par une substance.**

❑ Point de fusion   ❑ Masse

❑ Chaleur massique   ❑ Variation de température

❑ Volume   ❑ Conductibilité

Solution

Il suffit ici, tout simplement, d'appliquer la formule qui décrit la relation mathématique entre les facteurs qui influencent la quantité d'énergie thermique absorbée ou transmise par une substance.

• Il y a trois facteurs qui influencent la quantité de chaleur absorbée ou transmise par une substance
  – la variation de température subie par une substance (ΔT);
  – la masse de la substance (m);
  – la chaleur massique de la substance (c).

La formule est donc :

$Q = m \, c \, \Delta T$

Le facteur c (chaleur massique) est différent pour chaque substance. La chaleur massique est donc une propriété caractéristique.

Selon le domaine d'application Q peut être utilisé pour représenter la charge électrique (en Coulomb) ou bien pour représenter la chaleur (en Joule).

Réponse :

❑ Point de fusion   ☑ Masse

☑ Chaleur massique   ☑ Variation de température

❑ Volume   ❑ Conductibilité

41. (Obj. 5.2) **Choisissez la description correcte de la chaleur massique d'une substance (a, b, c ou d) et associez-la à son unité (A, B, C ou D).**

a) C'est la quantité de chaleur nécessaire pour faire fondre un gramme de cette substance.

b) C'est la quantité de chaleur nécessaire pour augmenter d'un degré Celsius la température d'un gramme de cette substance.

c) C'est la quantité de chaleur que contient un gramme de cette substance à la température 100°C et sous pression atmosphérique (101 kPa).

d) C'est la quantité de chaleur dégagée par un gramme de cette substance à la température de 0°C.

A) $J \cdot g/°C$
B) $J \cdot °C/g$
C) $J \cdot g \cdot °C$
D) $J/g \cdot °C$

Réponse : **B** et **D**

• La chaleur massique est la quantité de chaleur nécessaire pour augmenter d'un degré Celsius la température d'un gramme de cette substance. Son unité est $J/(g \cdot °C)$

42. (Obj. 5.2) **Pour chacun des problèmes suivants, ou bien il manque des donnés, ou bien il y en a trop. Sans résoudre le problème, indiquez les données qui manquent ou celles qui sont en trop.**

a) Quelle est la chaleur massique de l'huile sachant qu'il faut 80 kJ pour élever sa température de 50°C?

b) Quelle quantité de chaleur faut-il fournir à 50 g d'eau pour élever sa température de 80°C?

c) Pour élever de 50°C la température de 2kg d'antigel à la pression normale 101 kPa, on doit fournir 220 kJ d'énergie thermique. Quelle est la chaleur massique de cette substance si sa température initiale était de 20°C?

Conseil

Ici, il faut connaître la formule $Q = m \cdot c \cdot \Delta T$ pour déterminer les inconnues et, en conséquence, les données nécessaires et celles qui sont inutiles.

Réponse :

a) formule : $Q = m \cdot c \cdot \Delta T$
   données : $Q = 80$ kJ
               $\Delta T = 50°C$

   inconnue : c

   Pour trouver l'inconnue c, il manque m, c'est à dire la masse de l'huile.

b) formule : $Q = m \cdot c \cdot \Delta T$
   données : $m = 50$ g
               $\Delta T = 80°C$

   inconnue : Q

   Pour trouver l'inconnue Q, il manque c, c'est-à-dire la chaleur massique de l'eau.

c) formule : $Q = m \cdot c \cdot \Delta T$
   données : $\Delta T = 50°C$
               $m = 2$ kg
               $P = 101$ kPa
               $Q = 220$ kJ
               $T_i = 20°C$

   inconnue : c

   Ici, la pression (P) et la température initiale (T_i) ne sont pas nécessaires pour calculer la chaleur massique.

43. (Obj. 5.2) Calculez la quantité d'énergie thermique (absorbée ou libérée) dans les cas suivants :

   a) la température d'un bloc de fer de 1,0 kg passe de 50°C à 250°C (c = 0,45 J/g°C);

   b) 100 ml d'eau passe de 30°C à son point d'ébullition c'est-à-dire 100°C (c = 4,19 J/g°C);

   c) 2,0 kg d'aluminium se refroidissent en passant de 300°C à 30°C (c = 0,9 J/g°C).

Solution

Ici, on applique tout simplement la formule de l'énergie thermique :
$Q = m \cdot c \cdot \Delta T$

a) données : $m = 1{,}0 \text{ kg} = 1\,000 \text{ g}$
        $c = 0{,}45 \text{ J/g°C}$
        $\Delta T = 250°C - 50°C = 200°C$

   calcul : $Q = 1\,000 \text{ g} \cdot 0{,}45 \text{ J/g°C} \cdot 200°C$
        $Q = 90\,000 \text{ J}$
        $Q = 90 \text{ kJ}$

b) données : 1 ml d'eau pèse 1 g
        donc $m = 100 \text{ g}$
          $c = 4{,}19 \text{ J/g°C}$
          $\Delta T = 100°C - 30°C = 70°C$

   calcul : $Q = 100 \text{ g} \cdot 4{,}19 \text{ J/g°C} \cdot 70°C$
        $Q = 29\,330 \text{ J}$
        $Q = 29{,}3 \text{ kJ}$

c) données : $m = 2{,}0 \text{ kg} = 2\,000 \text{ g}$
        $c = 0{,}9 \text{ J/g°C}$
        $\Delta T = 30°C - 300°C = -270°C$

   calcul : $Q = 2\,000 \text{ g} \cdot 0{,}9 \text{ J/g°C} \cdot (-270°C)$
        $Q = -486\,000 \text{ J}$
        $Q = -486 \text{ kJ}$

REMARQUE   Le signe moins signifie que l'énergie thermique est libérée.

Réponse :

a)   Énergie absorbée   90 kJ

b)   Énergie absorbée   29,3 kJ

c)   Énergie libérée   486 kJ

• *La loi de la conservation de l'énergie :*
L'énergie ne se crée pas, ne se perd pas, elle se transforme. La quantité totale d'énergie contenue dans l'univers demeure constante.

44. (Obj. 5.1 et 5.3) On chauffe 200g d'eau avec une résistance de 5 Ω pendant 2 minutes. La température passe de 5°C à 100°C. Quel courant circule dans cette résistance?

Solution

Données et Unités	Équation
masse m = 200g résistance R = 5Ω température initiale T_o = 5°C température finale T_f = 100°C temps t = 2min = 120sec chaleur massique de l'eau c = 4,19 J/g°C Inconnue : courant I(A)	$E_{absorbée} = E_{électrique}$ $m\,c\,\Delta T = U\,I\,t$ On a : $\Delta T = T_f - T_0$ et : $U = RI$ Donc : $m\,c(T_f - T_0) = (R\,I)\,I\,t = I^2 R\,t$ $\dfrac{m\,c(T_f - T_0)}{R\,t} = \dfrac{I^2 R\,t}{R\,t}$ $\dfrac{m\,c\,\Delta T}{R\,t} = I^2$ $I = \sqrt{\dfrac{m\,c\,\Delta T}{R\,t}}$ Calculs : $I = \sqrt{\dfrac{200g\,4,19\dfrac{J}{g\,°C}(100°C - 5°C)}{5\Omega\,120sec}} =$ $\sqrt{\dfrac{79610}{600}}A = \sqrt{132,6}\ A = 11,5A$

Réponse :   1 = 11,5A

45. (Obj. 5.1 et 5.3) On chauffe 200g d'eau avec une résistance électrique aux bornes de laquelle la différence de potentiel est de 9V; l'intensité du courant est de 1A. Quelle est l'élévation de température après 3 minutes?

Solution

Données et Unités	Équation
masse m = 200g	$E_{absorbée} = E_{électrique}$
tension U = 9V	$m\,c\,\Delta T = U\,I\,t$
	Pour isoler ΔT, il faut diviser deux
courant I = 1A	côtés de cette équation par m c
temps t = 3min = 180sec	On a : $\dfrac{m\,c\,\Delta T}{m\,c} = \dfrac{U\,I\,t}{m\,c}$
chaleur massique de l'eau $c = 4,19\ \dfrac{J}{g°C}$	donc : $\Delta T = \dfrac{U\,I\,t}{m\,c}$
	Calculs:
Inconnue : intervalle de température $\Delta T(°C)$	$\Delta T = \dfrac{9V\,1A\,180sec}{200g\,4,19\dfrac{J}{g°C}} = \dfrac{1620}{838}°C = 1,93°C$

Réponse : $\Delta T = 1,93\ °C$

46. (Obj. 5.1 et 5.3) Un élément chauffant de 120V qui est traversé par un courant de 10A fait augmenter la température de 200g d'eau de 5°C. Combien de temps a-t-il fallu pour que cette élévation de température se produise?

Solution

Données et Unités	Équation
tension U = 120V courant I = 10A masse m = 200g Intervalle de température $\Delta T = 5°C$ chaleur massique de l'eau c = 4,19 J/g°C Inconnue : temps t(s)	$E_{absorbée} = E_{électrique}$ $m\,c\,\Delta T = U\,I\,t$ Pour isoler t, il faut diviser deux côtés de cette équation par U I. On a : $\dfrac{m\,c\,\Delta T}{U\,I} = \dfrac{U\,I\,t}{U\,I}$ Donc : $t = \dfrac{mc\Delta T}{UI}$ Calculs : donc : $t = \dfrac{200g\,4,19\dfrac{J}{g°C}\,5°C}{120V\,10A} =$ $\dfrac{4190}{1200}\,sec = 3,49\,sec$

Réponse :   t = 3,49 sec

47. (Obj. 5.1 et 5.3) On dispose d'une source de courant de 120V et 10A que l'on branche à un élément chauffant. La température de l'eau passe de 30°C à 60°C en 5 secondes. Quelle est la masse de l'eau?

Solution

Données et Unités	Équation
tension $U = 120V$ courant $I = 10A$ température initiale $T_o = 30°C$ température finale $T_f = 60°C$ temps $t = 5sec$ chaleur massique de l'eau $c = 4,19J/g°C$ Inconnue : masse m(g)	$E_{absorbée} = E_{électrique}$ $mc\,\Delta T = U I t$ $\Delta T = T_f - T_0$ Alors: $m = \dfrac{U I t}{c\,\Delta T} = \dfrac{U I t}{c(T_f - T_0)}$ Calculs: $m = \dfrac{120V\,10A\,5sec}{4,19\dfrac{J}{g°C}(60°C - 30°C)} =$ $\dfrac{6000}{4,19 \cdot 30}\,g = 47,7g$

Réponse : 47,7g

6 LA TRANSFORMATION DE L'ÉNERGIE

Cet objectif vous permettra d'acquérir les connaissances sur les transformations de l'énergie et leur impact sur l'environnement.

Objectifs intermédiaires	Voie 416	Voie 436	Enrichissement	Contenus
6.1	✓	✓		Énergie électrique transformée en d'autres formes d'énergie
6.2	✓	✓		Modes de production de l'énergie électrique
6.3	✓	✓		Impacts de divers modes de production d'énergie électrique
6.4			✓	Sources d'énergie nouvelles
6.5			✓	Essais de transformation perpétuelle de l'énergie

48. (Obj. 6.1) **Un courant électrique est un déplacement de charges dans un conducteur. Pour provoquer ce déplacement, il faut transformer un certain type d'énergie en énergie électrique. Associez correctement la description du processus de transformation (A, B, C, D ou E) au type d'énergie utilisée (a, b, c, d ou e).**

A) Lorsqu'un conducteur métallique est amené à se déplacer dans un champ magnétique (ou inversement).

B) Lorsque deux électrodes de métaux différents sont en contact avec le même électrolyte.

C) Lorsque deux conducteurs différents sont joints à leurs extrémités et que ces extrémités sont soumises à des températures différentes.

D) Lorsqu'une plaquette formée de deux minces couches de semi-conducteurs de conductibilités opposées est soumise aux radiations solaires (pile solaire).

E) Lorsqu'un cristal est soumis à une contrainte mécanique.

a) Énergie chimique → Énergie électrique

b) Énergie thermique → Énergie électrique

c) Énergie lumineuse → Énergie électrique

d) Énergie mécanique (cinétique) → Énergie électrique

e) Énergie mécanique → Énergie électrique

Réponse :

A et **d**

B et **a**

C et **b**

D et **c**

E et **e**

49. (Obj. 6.2) Complétez le tableau suivant :

Mode de production (Centrale)	Processus de transformation de l'énergie
	Énergie atomique → Énergie thermique (vapeur) → Énergie mécanique (turbine) → Énergie électrique (alternateur)
Les centrales hydroélectriques	Énergie cinétique de l'eau→ _____ → Énergie électrique (alternateur)
	Énergie lumineuse (radiante)→ _____ → Énergie cinétique (vapeur)→ _____ → Énergie électrique (alternateur)
Les centrales éoliennes	_____ → _____ → Énergie électrique
Les centrales thermiques (turbines à gaz	Énergie chimique de gaz → _____ → Énergie cinétique (particules du gaz) → _____ → Énergie électrique (alternateur)
	Énergie chimique du carburant (combustion) → Énergie thermique → Énergie mécanique (moteur) → Énergie électrique (alternateur)

Réponse :

Mode de production (Centrale)	Processus de transformation de l'énergie
Les centrales thermonucléaires	Énergie atomique → Énergie thermique (vapeur) → Énergie mécanique (turbine) → Énergie électrique (alternateur)
Les centrales hydroélectriques	Énergie cinétique de l'eau → **Énergie mécanique (turbine)** → Énergie électrique (alternateur)
Les centrales thermosolaires mécanique	Énergie lumineuse (radiante) → **Énergie thermique** → Énergie cinétique (vapeur) → **Énergie (turbine)** → Énergie électrique (alternateur)
Les centrales éoliennes	**Énergie cinétique de l'air → Énergie mécanique (turbine)** → Énergie électrique (alternateur)
Les centrales thermiques (turbines à gaz)	Énergie chimique de gaz → **Énergie thermique** → Énergie cinétique (particules du gaz) → **Énergie mécanique (turbine)** → Énergie électrique (alternateur)
Les centrales thermiques (moteur Diesel)	Énergie chimique du carburant (combustion) → Énergie thermique → Énergie mécanique (moteur) → Énergie électrique (alternateur)

PRÉTEST*

Section A

1. Lequel des schémas ci-dessous est une représentation correcte du champ magnétique?

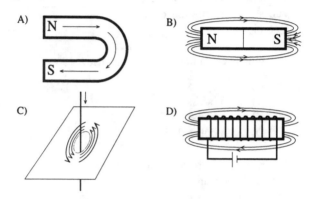

2. Nathalie tente de représenter, de façon schématique, le champ magnétique qu'elle a observé en laboratoire autour d'un solénoïde parcouru par un courant électrique.

Quel schéma Nathalie devrait-elle utiliser?

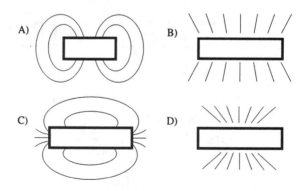

---

* Les réponses du prétest sont en annexe à la page 228.

3. Comme l'indique le schéma suivant, tu disposes quatre boussoles sur un plan horizontal, au voisinage d'un conducteur traversé par un courant continue (I). Tu remarques qu'une des boussoles est défectueuse et qu'elle ne s'oriente pas dans la direction prévue sous l'influence du champ magnétique du courant.

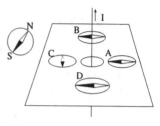

Quelle est la boussole défectueuse?

A) La boussole A
B) La boussole B
C) La boussole C
D) La boussole D

4. Les quatre schémas suivants représentent des électro-aimants reliés aux bornes d'une pile.

1.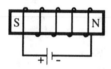

3.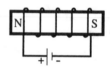

2.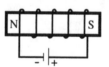

4.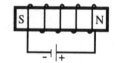

Quels schémas représentent correctement la polarité magnétique de l'électro-aimant?

A) 1 et 3
B) 1 et 4
C) 2 et 4
D) 3 et 4

5.   Après avoir réalisé en laboratoire des expériences sur la force magnétique exercée par un solénoïde, Julie a tracé les quatre graphiques suivants :

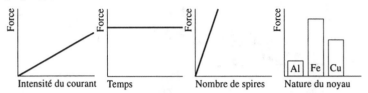

En observant les graphiques, déterminez les variables qui influent sur les forces magnétiques?

A)   L'intensité du courant, le temps, le nombre de spires et la nature du noyau.

B)   Le temps et la nature du noyau seulement.

C)   L'intensité du courant et le nombre de spires seulement.

D)   L'intensité du courant, le nombre de spires et la nature du noyau.

6.   Stéphane, pour varier l'intensité de la lumière d'une ampoule, a fait le montage électrique suivant :
L'extrémité M peut toucher aux points de contact 1, 2, 3 ou 4.

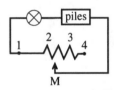

Quel point de contact donne la lumière la plus intense?

A)   Le point 1 (situé sur la gaine de caoutchouc)

B)   Le point 2 (situé sur le fil de nichrome)

C)   Le point 3 (situé sur le fil de nichrome)

D)   Le point 4 (situé sur le connecteur de plastique)

7. Le schéma ci-contre représente un circuit électrique constitué de piles et de deux ampoules électriques identiques.

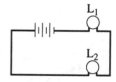

Que peut-on dire de la différence de potentiel aux bornes de l'ampoule L_2?

A)   Elle est égale au double de la tension aux bornes de l'ampoule L_1.

B)   Elle est égale à la moitié de la tension aux bornes de l'ampoule L_1.

C)   Elle est la même qu'aux bornes de l'ampoule L_1.

D)   Elle est la même qu'aux bornes des piles.

8. Liz et François étudient le circuit électrique illustré ci-dessous.

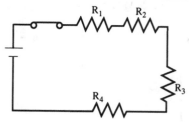

Ils mesurent la tension aux bornes de chacun des résistors. Ils en concluent que la tension aux bornes de la source est égale à la somme des tensions aux bornes de chacun des résistors du circuit.

Etes-vous d'accord avec leur affirmation et pourquoi?

A)   Oui, parce que c'est un circuit en série.

B)   Oui, parce que c'est un circuit en parallèle.

C)   Non, parce que c'est un circuit en série.

D)   Non, parce que c'est un circuit en parallèle.

9. On dispose de six fils conducteurs faits de la même substance et ayant la même longueur : trois ont un diamètre de 1,5 mm et trois autres, un diamètre de 3,0 mm.

On aligne les fils de façon à augmenter la longueur, ou on les regroupe afin d'augmenter l'aire de la section du conducteur.

Quel agencement de trois fils offre le moins de résistance au passage du courant électrique?

A)

B)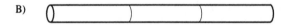

C)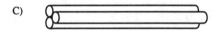

D)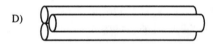

10. La question suivante se rapporte à une résistance ohmique de 30 Ω soumise à une tension de 5,0 V.

$$U = 5,0V$$

$$R = 30\Omega$$

Quelle est l'intensité du courant qui traverse la résistance?

A)   0,17 A
B)   6,0 A
C)   35 A
D)   150 A

11. Parmi les utilisations suivantes, laquelle nécessite le plus d'énergie?

    A)   Faire passer la température de 10 grammes d'eau de 10°C à 22°C

    B)   Faire passer la température de 10 grammes d'eau de 43°C à 55°C

    C)   Faire passer la température de 20 grammes d'eau de 72°C à 78°C

    D)   Faire passer la température de 20 grammes d'eau de 30°C à 42°C

12. Aramis utilise un batteur électrique pour fouetter de la crème dans un récipient.

La puissance du moteur est de 10 W.

Après avoir fait fonctionner le batteur pendant 5 min, il calcule que la crème a absorbé 1200 J sous forme d'énergie thermique et mécanique.

    Quelle quantité d'énergie électrique consommée par le moteur du batteur n'a pas été absorbée par la crème?

    A)   50 J
    B)   1150 J
    C)   1800 J
    D)   3000 J

13. Pascal fait fonctionner quatre appareils électriques pendant une heure. Les plaques signalétiques ci-dessous montrent les caractéristiques de chaque appareil.

    Quel appareil a consommé le plus d'énergie électrique?

A)	Micro-ordinateur	120 V	216 W	1,8 A
B)	Jeu vidéo	120 V	18 W	0,15 A
C)	Radio	120 V	36 W	0,3 A
D)	Téléviseur	120 V	240 W	2,0 A

14. À Tracy, on fait brûler de l'huile pour produire de l'électricité. Certaines personnes prétendent que ce procédé n'a pas d'effet sur l'environnement.

Êtes-vous d'accord avec cette affirmation et pourquoi?

A) Non, parce que la combustion dégage des gaz qui acidifient les pluies et du gaz carbonique.

B) Oui, parce que l'huile brûle sans produire de fumée visible.

C) Non, parce que la combustion produit un déchet radioactif.

D) Oui, parce que la chaleur dégagée par la fumée réchauffe l'atmosphère avoisinante.

Section B

1. On a suspendu deux boules A et B chargées.

Quand elles sont près l'une de l'autre, on observe une répulsion. On rapproche une boule C chargée, de la boule B. On observe une attraction.

Lorsqu'on place la boule C près de la boule A, il y a attraction.

Que peut-on conclure de cette expérience à propos des charges des boules A, B, et C?

2. Dans une aciérie, on utilise une grue mécanique munie d'un électro-aimant puissant suspendu au bout d'un câble pour déplacer ou charrier des pièces de ferraille de toutes dimensions et de toutes formes.

Pourquoi utilise-t-on un électro-aimant plutôt qu'un aimant naturel?

3. L'analyse en laboratoire d'un élément de circuit soumis à diverses tensions vous a permis de tracer le graphique ci-dessous.

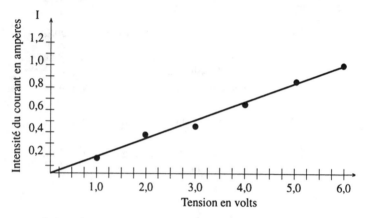

Déterminez la conductance de cet élément de circuit.

4. Karl voudrait remplacer un résistor de sa radio, mais il en ignore la conductance. Il mesure alors différentes intensités de courant lorsque la tension varie. Les valeurs sont représentées sur le graphique suivant.

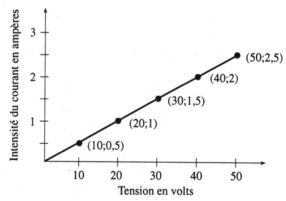

Quelle est la conductance du résistor?

5. Le graphique ci-dessous représente l'intensité (I) du courant électrique en fonction de la différence de potentiel (U) appliquée aux bornes de deux appareils électriques A et B.

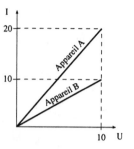

Lequel des deux appareils a la plus grande conductance? Expliquez.

6. Le circuit ci-dessous comporte 4 résistors dont les valeurs sont respectivement de 2 Ω, 4 Ω, 5 Ω et 7 Ω.

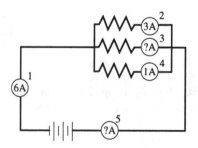

Quelle est la valeur indiquée par l'ampèremètre?

7. Le circuit électrique ci-dessous comporte 3 résistors et 5 ampèremètres numérotés de 1 à 5.

Quelle intensité de courant lit-on sur l'ampèremètre 5?

Section C

1. Un élève monte le circuit n° 1 et détermine des données sur les résistors.

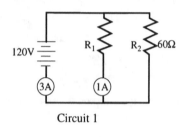

Circuit 1

Avec les éléments du circuit n° 1, l'élève fait le montage suivant

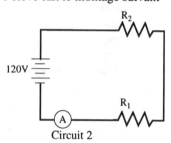

Circuit 2

Quelle est la valeur affichée par l'ampèremètre A?
Laissez les traces de toutes les étapes de votre démarche.

2. Un élève dispose du montage ci-dessous :

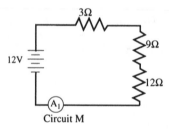

Circuit M

En utilisant des composantes du circuit M, il veut réaliser le circuit N.

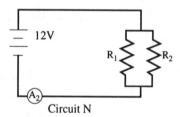

Circuit N

Il veut que l'intensité du courant (I_2) dans le circuit N soit 10 fois plus grande que celle dans le circuit M.
Quels résistors doit-il utiliser?
Laissez les traces de votre démarche.

3. Deux circuits électriques comprennent différents résistors montés différemment.

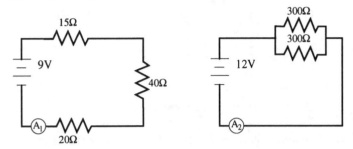

   Quel ampèremètre indique la plus grande intensité de courant?
   Laissez les traces de votre démarche.

4. Le résistor R du circuit électrique illustré ci-dessous doit être remplacé par une résistance équivalente.

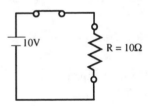

Vous disposez seulement des six résistors de remplacement suivants :

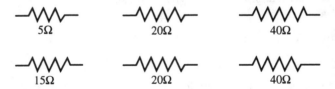

   Quel montage vous permet d'avoir une résistance équivalente au résistor R?
   Laissez les traces de votre démarche.

5. Quelle est la résistance équivalente du circuit suivant?

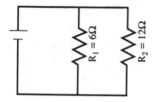

Laissez les traces de votre démarche.

6. François allume une ampoule (L) de 60 watts et repasse ses vêtements avec un fer à repasser (F) de 600 watts. La durée du repassage est de 1 h 30.
L'Hydro-Québec charge 0,048 $/kWh.

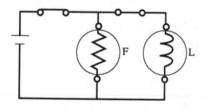

Combien a coûté l'usage de ces deux appareils?
Laissez les traces de votre démarche.

7. On désire remplacer le moteur de la hotte du laboratoire. L'entrepreneur propose deux types de moteurs.
Voici leurs principales caractéristiques :

Moteur 1 :   110 V   2,0 A   210$ (coût à l'achat)

Moteur 2 :   110 V   1,4 A   230$ (coût à l'achat)

Le moteur de la hotte devra fonctionner 24 heures par jour, 365 jours par année.
Le coût du kW•h est de 0,05 $.

Lequel des deux moteurs est le plus économique après une année d'utilisation, compte tenu de son coût à l'achat?
Laissez les traces de votre démarche.

8.   Un élément chauffant baigne dans un becher contenant 1000 grammes d'eau. On applique une certaine tension sur le résistor. Un courant y circule pendant un certain temps. L'énergie électrique consommée par le résistor est de 350 kJ.
Pendant ce temps, la température des 1000 grammes d'eau passe de 15°C à 90°C.

Calculer la quantité d'énergie électrique qui ne se trouve pas sous forme calorifique dans l'eau
Laissez les traces de votre démarche.

MODULE

Phénomènes ioniques

Ce module à pour but de vous faire explorer, à l'aide de la méthode scientifique, les propriétés et les transformations des substances chimiques ainsi que l'impact de leur utilisation sur l'environnement et la vie des Québécois.

1 LA RECHERCHE

Vous devez pouvoir communiquer, dans une langue correcte, les résultats d'une recherche expérimentale portant sur au moins un acide, une base ou un sel. Cet objectif ne fait pas l'objet d'évaluation.

2 LES ACIDES, LES BASES ET LES SELS

Vous devez être capable d'expliquer les propriétés des acides, des bases et des sels observées au cours d'expérience scientifiques.

Objectifs intermédiaires	Voie 416	Voie 436	Enrichissement	Contenus
2.1	✓			Propriétés caractéristiques des acides, des bases et des sels
2.2	✓	✓		Manifestation des propriétés à la suite d'expériences
2.3	✓	✓		Formules moléculaires d'acides, de bases et de sels
2.4	✓	✓		Justification de la nécessité des produits de consommation
2.5		✓		Liens ioniques et liens covalents
2.6		✓		Formules moléculaires et charges ioniques
2.7	✓	✓		Électrolytes et non-électrolytes
2.8		✓		Propriété électrolytique d'une solution
2.9			✓	Ionisation de la matière et technologie
2.10	✓	✓		Effet de sels non neutres en solution

1. (Obj. 2.1) Voici une liste de propriétés :

goût, conductibilité électrique, réaction avec le papier tournesol,
réaction avec les métaux.

a) Quelle(s) propriété(s) permet(tent) de classer les substances en bases, en acides ou en sels (en solution aqueuse)?

b) Quelle propriété est commune aux bases, aux acides et aux sels en solution aqueuse?

Solution

Certaines propriétés nous permettent de différencier des substances; par exemple : le papier tournesol rougit en présence d'acide, bleuit en présence d'une base et ne change pas de couleur en présence d'un sel. En revanche, certaines propriétés, comme la conductibilité électrique, communes à diverses substances, ne nous permettent pas de différencier les bases, les acides et les sels en solution aqueuse.

 La réaction avec les métaux indique la présence d'un acide. Au contraire, si la solution ne réagit pas avec les métaux, on ne peut déterminer s'il s'agit d'une solution saline ou d'une base.

Réponse :
a) Goût, réaction avec le papier tournesol
b) Conductibilité électrique

2. (Obj. 2.1) Identifiez, si c'est possible, les solutions (acide, base ou sel) suivantes.

Solution 1: n'a aucun effet sur le papier tournesol.

Solution 2: laisse passer le courant électrique et bleuit le papier tournesol.

Solution 3 : laisse passer le courant électrique; est salée au goût.

Solution 4 : laisse passer le courant électrique.

Solution 5 : laisse passer le courant électrique et réagit avec le magnésium.

Réponse :
Solution 1 :   Sel
Solution 2 :   Base
Solution 3 :   Sel
Solution 4 :   Ne peut être identifiée, puisque la conductibilité électrique est une propriété commune aux sels, aux bases et aux acides.
Solution 5 :   Acide

3. (Obj. 2.1)   Voici une liste de propriétés appartenant à certaines solutions :

rougit le papier tournesol, bleuit le papier tournesol, conduit l'électricité, ne conduit pas l'électricité, goût amer, goût aigre, texture visqueuse, réagit avec les métaux pour dégager de l'hydrogène.

Classez ces différentes propriétés dans un tableau selon qu'elles appartiennent à des solutions **acides**, **basiques**, **salines (sel en solution)** ou **neutres.**

Conseil

Il faut ici se remémorer les résultats de nos expériences sur les acides, les bases, les solutions neutres et les sels.

On doit examiner chaque propriété et vérifier si elle appartient à un **acide,** une **base**, un **sel,** ou bien à une **solution neutre.** Une même propriété peut appartenir à plusieurs types de solutions.

Réponse :

Propriétés	Solutions			
	Acide	Base	Sel (en solution)	Solution neutre
Rougit le papier tournesol	Oui			
Bleuit le papier tournesol		Oui		
Conduit l'électricité	Oui	Oui	Oui	
Ne conduit pas l'électricité				Oui
Goût amer		Oui		
Goût aigre	Oui			
Texture visqueuse		Oui		
Réagit avec les métaux pour dégager de l'hydrogène	Oui			

4. (Obj. 2.3)   Remplissez les espaces vides du texte ci-dessous avec les termes suivants :

OH⁻, négatif, acide, hydroxyde, radical, OH, métal.

La présence de l'ion hydrogène H^+ (groupe H), caractérise la formule moléculaire d'un _____. Les composés NaOH, et KOH ont le groupe_____ en commun; on le nomme _____ . La présence de l'ion _____ caractérise la formule moléculaire d'une base. Les sels sont formés d'un ion positif et d'un ion _____. Plusieurs sels sont formés d'un _____ et d'un non-métal. Les autres sels sont formés d'un métal et d'un _____.

Réponse :
La présence de l'ion hydrogène H^+ (groupe H), caractérise la formule moléculaire d'un **acide**. Les composés NaOH, et KOH ont le groupe **OH** en commun; on le nomme **hydroxyde**. La présence de l'ion **OH⁻** caractérise la formule moléculaire d'une base. Les sels sont formés d'un ion positif et d'un ion **négatif**. Plusieurs sels sont formés d'un **métal** et d'un non-métal. Les autres sels sont formés d'un métal et d'un **radical.**

5. (Obj. 2.3) Associez un élément de la première colonne à un élément de la seconde colonne (ces derniers sont des indices sur la formule moléculaire des solutions).

A) Acides	a) Contient le groupe OH.
B) Bases	b) Ne contient ni le groupe H, ni le groupe OH.
C) Sels	c) Contient le groupe H.

Réponse :
A et **c**; **B** et **a**; **C** et **b**.

• La formule moléculaire peut aider à reconnaître une base ou un sel. Les acides contiennent le groupe H. Les bases contiennent le groupe OH. Les sels ne contiennent ni le groupe H, ni le groupe OH, ils sont formés ou bien d'un métal et d'un non-métal ou bien d'un métal et d'un radical.

6. (Obj. 2.3) Suite à une expérience, vous avez construit un tableau en classifiant les acides, les bases et les sels. Complétez ce tableau en y indiquant les titres des colonnes.

H_2SO_4	KOH	NaCl
HNO_3	$Mg(OH)_2$	KI

Réponse :

Acides	Bases	Sels
H_2SO_4	KOH	NaCl
HNO_3	$Mg(OH)_2$	KI

7. (Obj. 2.3) Classez en trois catégories (acides, bases, sels) les substances suivantes :

H_2S, KOH, $MgSO_4$, K_2CO_3, H_2CO_3, $Al(OH)_3$, $NaHCO_3$, HNO_3, NaOH, KCl, Li_2S, H_2O, NH_4OH, H_2SO_4, $FeCl_3$

REMARQUE L'eau, H_2O, contient le groupe H et le groupe OH en quantité égale; ce n'est ni un acide ni une base, c'est une substance neutre. L'eau pure ne conduit pas l'électricité et ne réagit pas avec le papier tournesol comme le font les acides et les bases.

Réponse :

Acides	Bases	Sels
H_2S	KOH	$MgSO_4$
HNO_3	$AL(OH)_3$	K_2CO_3
H_2CO_3	NaOH	$NaHCO_3$
H_2SO_4	NH_4OH	KCl
		Li_2S
		$FeCl_3$

8. (Obj. 2.4) **Sur une étiquette de batterie ou accumulateur on relève la mention : «Contient acide sulfurique»; sur une autre : «Contient hydroxyde de sodium». Quelle propriété commune à ces deux substances permet de les utiliser dans les batteries?**

A) Elles conduisent le courant électrique.

B) Elles sont neutralisables.

C) Elles changent la couleur du papier tournesol.

D) Elles sont incolores.

Réponse : **A**

9. (Obj. 2.5) **Parmi les énoncés suivants, trouvez ceux qui caractérisent une liaison ionique et ceux qui caractérisent une liaison covalente.**

A) Union d'un métal et d'un non-métal.

B) Union d'un non-métal avec un autre non-métal.

C) Lien résultant de l'attraction entre un cation et un anion.

D) Atomes partageant une ou plusieurs paires d'électrons.

Solution

- **Lien ionique :** c'est un lien qui résulte de l'attraction entre un cation et un anion formé à la suite d'un transfert de un ou plusieurs électrons entre un métal et un non-métal. L'attraction entre un cation et un anion résulte de la force électrostatique qui retient ces deux ions ensemble.

- **Lien covalent :** c'est un lien qui résulte du partage de une ou plusieurs paires d'électrons entre deux non-métaux.

Réponse :
Liaison ionique :   **A, C**
Liaison covalente : **B, D**

10. (Obj. 2.5) Classez les substances suivantes en deux catégories : celles dont les liaisons intramoléculaires sont ioniques et celles dont les liaisons intramoléculaires sont covalentes.

KCl, N_2, Na_2O, NH_3, HCl, KF, H_2O, S_2O_3, MgO, O_2, H_2, CO_2, $MgCl_2$, CO, $CuCl_2$, $BaBr_2$, Cl_2, CuO

Réponse :

Liaisons ioniques : KCl, Na_2O, KF, MgO, $MgCl_2$, $CuCl_2$, $BaBr_2$, CuO

Liaisons covalentes : N_2, NH_3, HCl, H_2O, S_2O_3, O_2, H_2, CO_2, CO, Cl_2

11. (Obj. 2.5) Parmi les figures ci-dessous, identifiez celle qui illustre la représentation structurale de Lewis de la molécule formée de silicium (Groupe IVA) et de fluor (Groupe VIIA).

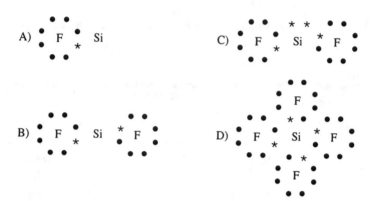

Solution

Le fluor et le silicium sont des non-métaux; la substance formée de ces deux éléments est donc une substance à liaisons covalentes. Chaque substance tend à prendre la configuration électronique du gaz inerte le plus rapproché dans le tableau périodique, ce qui est la configuration la plus stable. Dans le cas du silicium, c'est celle de l'argon et dans le cas du fluor, c'est celle du néon. Pour rejoindre la configuration électronique de l'argon, le silicium doit avoir 4 électrons de plus. Pour rejoindre la configuration électronique du néon, le fluor doit avoir 1 éléctron de plus. C'est en partageant les électrons du dernier niveau qu'on obtient comme formule SiF_4.

Réponse : D

12. (Obj. 2.6) Complétez le tableau ci-dessous :

Composés ioniques	Charges des ions		Sommes des charges
	Cation	Anion	
Na_2O	Na^{1+}	O^{2-}	$2\bullet(+1) + 1\bullet(-2) = 0$
$CuCl_2$			
CuO			
$BaBr_2$			
K_2S			
BaS			

Solution

En tenant compte de la charge de chacun des constituants du composé ionique (cation et anion), vous devez vérifier que la somme des charges est nulle.

Réponse :

Composés ioniques	Charges des ions		Sommes des charges
	Cation	Anion	
Na_2O	Na^{1+}	O^{2-}	$2\bullet(+1) + 1\bullet(-2) = 0$
$CuCl_2$	Cu^{2+}	Cl^{1-}	$1\bullet(+2) + 2\bullet(-1) = 0$
CuO	Cu^{2+}	O^{2-}	$1\bullet(+2) + 1\bullet(-2) = 0$
$BaBr_2$	Ba^{2+}	Br^{1-}	$1\bullet(+2) + 2\bullet(-1) = 0$
K_2S	K^{1+}	S^{2-}	$2\bullet(+1) + 1\bullet(-2) = 0$
BaS	Ba^{2+}	S^{2-}	$1\bullet(+2) + 1\bullet(-2) = 0$

13. (Obj. 2.6) Quel énoncé décrit correctement un radical?

    A) Une particule faite de plusieurs atomes.

    B) Un ion monoatomique positif ou négatif.

    C) Un ion polyatomique.

    D) Un groupement d'atomes.

Solution

• Une molécule est électriquement neutre : les charges électriques que portent les ions dans un composé s'annulent.

• Un **radical** est un groupement d'atomes (un ion polyatomique) dont la charge n'est pas nulle.

Réponse :   C

14. (Obj. 2.6) Associez les noms des radicaux à leur formule.

Radicaux		
Noms		**Formules**
A Chromate	a	$(SO_3)^{2-}$
B Dichromate	b	$(ClO)^{1-}$
C Chlorite	c	$(CO_3)^{2-}$
D Chlorate	d	$(OH)^{1-}$
E Carbonate	e	$(SO_4)^{2-}$
F Sulfite	f	$(ClO_2)^{1-}$
G Sulfate	g	$(CrO_4)^{2-}$
H Hypochlorite	h	$(Cr_2O_7)^{2-}$
I Hydroxyde	i	$(ClO_3)^{1-}$
J Nitrate	j	$(NO_3)^{1-}$

Réponse :

A et g; B et h; C et f; D et i; E et c; F et a; G et e; H et b; I et d; J et j.

15. (Obj. 2.6) Connaissant la charges des ions métalliques des composés suivants, trouvez les radicaux ainsi que leur charge.

Composés	Ions métalliques et charges	Radicaux
$NaNO_3$	Na^{1+}	
$BaSO_4$	Ba^{2+}	
$MgSO_3$	Mg^{2+}	
Li_2CO_3	Li^{1+}	
$CoCr_2O_7$	Co^{2+}	
$Ca_3(PO_4)_2$	Ca^{2+}	
CH_3COOH	H^{1+}	
H_2CrO_4	H^{1+}	
$NaOH$	Na^{1+}	

Réponse :

Composés	Ions métalliques et charges	Radicaux
$NaNO_3$	Na^{1+}	NO_3^{1-}
$BaSO_4$	Ba^{2+}	SO_4^{2-}
$MgSO_3$	Mg^{2+}	SO_3^{2-}
Li_2CO_3	Li^{1+}	CO_3^{2-}
$CoCr_2O_7$	Co^{2+}	$Cr_2O_7^{2-}$
$Ca_3(PO_4)_2$	Ca^{2+}	PO_4^{3-}
CH_3COOH	H^{1+}	CH_3COO^{1-}
H_2CrO_4	H^{1+}	CrO_4^{2-}
$NaOH$	Na^{1+}	OH^{1-}

16. (Obj. 2.6) Trouvez la charge portée par l'élément indiqué dans les particules suivantes :

N dans NO_3^{1-}

S dans H_2SO_4

C dans CO_3^{2-}

Mn dans H_2MnO_4

P dans $CaHPO_4$

Cl dans HCl

Cl dans ClO_3^{1-}

Solution

Dans le premier cas, pour que la charge de la particule NO_3 soit -1 il faut que la somme algébrique des charges portées par chacun de ses composants soit -1, donc :

(la charge de N) + 3•(la charge de O) = -1

(la charge de N) + 3•(-2) = -1

(la charge de N) + (-6) = -1

(la charge de N) = +5

Réponse :

N	dans	NO_3^{1-}	vaut	5+
S	dans	H_2SO_4	vaut	6+
C	dans	CO_3^{2-}	vaut	4+
Mn	dans	H_2MnO_4	vaut	6+
P	dans	$CaHPO_4$	vaut	5+
Cl	dans	HCl	vaut	1-
Cl	dans	ClO_3^{1-}	vaut	5+

17. (Obj. 2.7) Vrai ou faux?

a) Un électrolyte est une substance qui, dissoute dans l'eau, permet le passage du courant électrique.

b) Un non-électrolyte est une substance non soluble dans l'eau.

c) Un électrolyte permet le passage de la chaleur.

d) Un électrolyte à l'état solide laisse passer le courant électrique.

Réponse :

a) Vrai

b) Faux; la définition de non-électrolyte n'a pas de rapport avec la solubilité dans l'eau.

c) Faux; le passage de la chaleur ne dépend pas du fait que la substance soit un électrolyte ou non.

d) Faux; un électrolyte conduit le courant électrique seulement quand il est en solution aqueuse.

18. (Obj. 2.7) Classez les substances suivantes en électrolytes et en non-électrolytes.

Sucre, vinaigre, glycérine, eau salée, eau distillée, eau de mer, NaCl, HCl, NaOH.

Solution

• Un **électrolyte** est une substance qui, dissoute dans l'eau, permet le passage du courant électrique. La solution obtenue est dite *électrolytique*. Un **non-électrolyte** est une substance qui, dissoute dans l'eau, ne permet pas le passage du courant électrique. Les acides, les sels et les bases sont tous des électrolytes.

Réponse :
Électrolytes : vinaigre, eau salée, eau de mer, NaCl, HCl, NaOH
Non-électrolytes : sucre, glycérine, eau distillée.

19. (Obj. 2.8) Lesquelles des propositions suivantes sont vraies?

A) Un électrolyte faible se dissocie complètement dans l'eau.

B) Une molécule de non-électrolyte ne se sépare pas en ions lorsqu'elle se trouve dans l'eau.

C) Les particules responsables du passage du courant électrique dans une solution aqueuse électrolytique sont les ions.

D) Un électrolyte fort se dissocie presque complètement dans l'eau.

Réponse :
B, C et **D**.

• Un **électrolyte** faible se dissocie (s'ionise) partiellement dans l'eau. Un électrolyte fort se dissocie (s'ionise) complètement dans l'eau.

20. (Obj. 2.8) Dans une solution aqueuse, quatre molécules d'acide acétique sur mille s'ionisent. On peut dire que :

A) c'est un électrolyte fort.

B) c'est un électrolyte faible.

C) c'est un non-électrolyte.

D) l'on ne peut rien affirmer.

Solution

L'ionisation de 4 molécules sur 1 000 représente un taux d'ionisation de 0,4%. Même si ce taux est très bas, il y a ionisation. On peut donc dire que c'est un électrolyte faible.

Réponse : B

21. (Obj. 2.8) Quels énoncés sont vrais?

A) Un électrolyte fort et un électrolyte faible sont caractérisés par la même conductibilité électrique.

B) Les ions d'un électrolyte faible sont faiblement chargés.

C) Un électrolyte faible se dissocie partiellement.

D) Les molécules d'un non-électrolyte demeurent à l'état moléculaire dans l'eau.

Solution

• Un électrolyte fort se distingue d'un électrolyte faible par son taux de dissociation. Une molécule de non-électrolyte ne se dissocie pas en solution, elle demeure à l'état moléculaire.

A) **Faux**, ils ont une conductibilité électrique différente (cela dépend de la quantité des molécules dissociées).

B) **Faux**, la notion d'ions chargés fortement ou faiblement n'existe pas.

Réponse : C et D

3 LES SOLUTIONS

Vous devez apprendre à analyser les variables caractéristiques des solutions aqueuses.

Objectifs intermédiaires	Voie 416	Voie 436	Enrichissement	Contenus
3.1	✓	✓		Préparation de solution à une concentration donnée
3.2	✓	✓		Dilution
3.3		✓		Le concept de mole
3.4			✓	Le nombre d'Avogadro
3.5		✓		La masse molaire d'une substance
3.6		✓		Solution de concentration molaire donnée
3.7		✓		Loi de la concentration d'une solution
3.8		✓		Exercices numériques

22. (Obj. 3.1) Associez à chaque notion (A, B, C) la description correspondante (a, b, c, d, e).

Notions :

A) Solution

B) Soluté

C) Solvant

Descriptions :

a) Constituant le moins abondant dans un mélange hétérogène.

b) Constituant le plus abondant dans un mélange homogène.

c) Mélange hétérogène de composants.

d) Mélange homogène.

e) Constituant le moins abondant dans un mélange homogène.

Solution

• Le **soluté** est la substance qui est dissoute dans le **solvant** pour former une **solution**, un mélange homogène. Puisque c'est le soluté qui est dissout, ce sera le constituant le moins abondant dans la solution.

Réponse :
A et d; B et e; C et b.

23. (Obj. 3.1) Quel énoncé est faux?

A) Les solutés d'une solution aqueuse peuvent être filtrés.

B) Le solvant peut être liquide, solide ou gazeux.

C) Le soluté peut être liquide, solide ou gazeux.

D) Les solutions peuvent être constituées de toutes combinaisons des trois états physiques de la matière.

Solution

Dans un mélange homogène (solution), le solvant et le soluté peuvent être à l'état liquide, solide ou gazeux; par le fait même, toutes les combinaisons d'états deviennent possibles. Ainsi, seule la réponse **A** est fausse; en effet, une solution étant un mélange homogène, elle ne peut pas être décomposée par filtration.

Réponse :   A

24. (Obj. 3.1) Pour chacun des exemples suivants, identifiez l'état de la solution (Liquide, Solide, Gaz), identifiez ensuite le soluté et son état et enfin, identifiez le solvant et son état.

Solution	État	Soluté	État	Solvant	État
Eau sucrée					
Alcool à friction					
Eau de mer					
Alliage cuivre 10% et nickel 90%					
Mélange d'hydrogène dans l'air					
Air					

Réponse :

Solutions	États	Solutés	États	Solvants	États
Eau sucrée	L	sucre	S	eau	L
Alcool à friction	L	alcool	L	eau	L
Eau de mer	L	sel	S	eau	L
Alliage cuivre 10% et nickel 90%	S	cuivre	S	nickel	S
Mélange d'hydrogène dans l'air	G	hydrogène	G	air	G
Air	G	oxygène	G	azote	G

25. (Obj. 3.1) On a préparé 5 solutions de nitrate de potassium KNO$_3$ en dissolvant :

Solution I : 50 g de soluté dans 1 L de solution

Solution II : 36 g de soluté dans 0,9 L de solution

Solution III : 27 g de soluté dans 300 mL de solution

Solution IV : 1 g de soluté dans 200 mL de solution

Solution V : 4 g de soluté dans 80 mL de solution

Calculez la concentration en %m/V de ces cinq solutions.

Solution

Le but visé ici est de bien vous faire comprendre la définition de la concentration.

La concentration d'une substance est le rapport de la quantité de **soluté** et de la quantité de **solution** (c=m/V ou c=quantité de soluté/quantité de solution). On l'exprime en g/mL, g/L, %m/V (g/mL exprimé en %).

En premier lieu, vous devez affecter les unités fournies au rapport m/V et ensuite les transformer en g/mL.

par exemple pour la solution II :

c = 36 g / 0,9 L = 36 g / 900 mL = 0,04 g/mL

donc c = 0,04 • 100 %m/V = 4 %m/V

• La concentration d'une solution est le rapport de la quantité de soluté à la quantité de solution. On la calcule d'après la formule : c = m/V
on l'exprime en g/mL, en g/L, en % m/V

Réponse :

Solution I :   5 %m/V

Solution II :   4 %m/V

Solution III :   9 %m/V

Solution IV :   0,5 %m/V

Solution V :   5 %m/V

26. (Obj. 3.1) Parmi les unités suivantes, quelles sont celles qui peuvent être utilisées pour indiquer la concentration d'une solution aqueuse?

A) g/L

B) g/kg

C) g/cm^2

D) g/mL

Solution

La concentration d'une solution aqueuse est toujours exprimée dans un rapport masse/volume ou volume/volume. Si la solution finale est liquide, le volume au dénominateur sera une unité de mesure de liquide (ex : litre).

Réponse :   **A** et **D**

27. (Obj. 3.1) Parmi les solutions suivantes, quelle est la plus concentrée?

Solution I :   1 g/mL

Solution II :   10 g/L

Solution III :   100 mg/L

Solution IV :   10 mg/mL

Conseil

Il nous arrive parfois de ne pouvoir comparer directement des valeurs puisque leurs unités de mesure ne sont pas les mêmes. Il faudra donc, en premier lieu, transformer ces valeurs dans les mêmes unités pour pouvoir les comparer.

Solution

Pour se faciliter la tâche, on choisit de transformer les valeurs dans l'unité la plus petite :

1 g = 1 000 mg et 1 L = 1 000 mL

Solution I	1 g/mL = 1 000 mg/mL	1 000 mg/mL
Solution II	10 g/L = 10 000 mg/1 000 mL	10 mg/mL
Solution III	100 mg/L = 100 mg/1 000 mL	0,1 mg/mL
Solution IV	10 mg/mL = 10 mg/mL	10 mg/mL

Réponse :   Solution I

28. (Obj. 3.1) Complétez le tableau ci-dessous :

	Concentration	
g/L	g/mL	%m/V
1		
		1
		50
	0,1	
10		

Conseil

Ici, il est important de connaître les conversions d'unités à l'intérieur du SI (Système international d'unité)

Solution

1g/1L = 1g/1 000ml = 0,001g/mL

1g/1mL = 1g/0,001L = 1 000g/L

Pour la transformation en %m/V, il faut prendre la concentration en g/mL et l'exprimer en %.

1 000g/L = 1000g/1 000mL = 100g/100mL = 100 %m/V

Réponse :

g/L	Concentration g/mL	%m/V
1	0,001	0,1
10	0,01	1
500	0,5	50
100	0,1	10
10	0,01	1

29. (Obj. 3.1) **Le vinaigre commercial est une solution d'acide acétique (liquide) et d'eau.**

a) Quelle quantité de soluté y a-t-il dans une bouteille de 250 mL de vinaigre :
   1) à 5 % d'acide acétique par volume?
   2) à 7 % d'acide acétique par volume?

b) Quelles sont les concentrations en mL/L de ces solutions.

Solution

a) Dans une solution à 5% il y a 5% de soluté.

   1) 5 % de 250 mL = (5 / 100) • 250 mL = 12,5 mL de soluté

   2) 7 % de 250 mL = (7 / 100) • 250 mL = 17,5 mL de soluté

b) 1) 12,5 mL / 250 mL = 12,5 mL / 0,25 L = 50 mL/L

   2) 17,5 mL / 250 mL = 17,5 mL / 0,25 L = 70 mL/L

Réponse :
a) 1) 12,5 mL
   2) 17,5 mL

b) 1) 50 mL/L
   2) 70 mL/L

30. (Obj. 3.1) On a besoin de 500 mL d'eau salée de concentration 10 g/L. On prépare cette solution de la façon suivante :

- on pèse 10 g de NaCl et on les met dans un becher;

- on ajoute 1 L d'eau distillée dans le becher;

- on agite le mélange jusqu'à dissolution complète;

- on verse dans un autre becher 500 mL de cette solution.

Cette façon de procéder est-elle bonne pour obtenir la solution? Si non, corrigez-la.

Réponse

Non, de cette façon on gaspille une partie de la solution et cela montre que l'on ne comprend pas bien la définition de la concentration.

La concentration 10 g/l = 5 g / 500 mL. Il suffit donc de peser 5 g (pas 10 g!) de NaCl pour éviter le gaspillage.

Il faut ensuite ajouter une certaine quantité d'eau distillée dans le becher jusqu'à ce que l'on obtienne 500 mL de solution (on n'ajoute pas 500 mL d'eau). Dans la façon de procéder suggérée on confond les notions *solutions* et *solvant*. Dans le dénominateur de la formule de la concentration, on doit mettre la quantité de **solution** et non pas celle du solvant.

31. (Obj. 3.1) Quelle dissolution faut-il effectuer pour préparer 100 mL d'une solution à 100 g/L?

A) 100 g de soluté dans 100 mL d'eau.

B) 100 g de soluté dans un ballon que l'on remplit jusqu'à 100 mL avec de l'eau.

C) 10 g de soluté dans 100 mL d'eau.

D) 10 g de soluté dans un ballon que l'on remplit jusqu'à 100 mL avec de l'eau.

Conseil

Pour un calcul simple et efficace de la plupart des problèmes numériques sur la concentration, nous vous conseillons de faire une brève révision de la notion de proportionnalité et de la règle de trois.

Solution

La quantité de solution demandée étant de 100 mL, on ajoute de l'eau jusqu'à ce que l'on obtienne ce volume. Le calcul de la quantité de soluté se fait en calculant le rapport :

$$\frac{100g}{1L} = \frac{?g}{0,1L}$$

$$?g = \frac{100g \cdot 0,1L}{1L} = 10g$$

Réponse :   **D**

32. (Obj. 3.2) **On ajoute 250 mL d'eau de javel (solution d'hypochlorite de sodium, NaClO) à 4 %m/V dans une machine à laver contenant 15 L d'eau.**

     a) Quelle quantité d'hypochlorite de sodium (NaClO) y a-t-il dans la machine à laver?

     b) Quelle est la concentration de la nouvelle solution (en g/L et en %m/V)?

Solution

a) 4 %m/V = 4 g / 100 mL

    on a donc :

    10 g dans 250 mL (la proportion!)

b) soluté : 10 g   et solution : 15 L + 250 mL = 15 250 mL

    alors c = 10 g / 15 250 mL = 10 g / 15,250 L

       = 0,66 g / L ou 0,066 %m/V

Réponse :   **a)** 10 g

               b) 0,66 g/L ou 0,066 %m/V

33. (Obj. 3.2) **On a 450 mL d'une solution aqueuse de chlorure de calcium $CaCl_2$ à 10 g/L.**

a) Quelle sera la concentration d'une nouvelle solution si l'on ajoute 50 mL d'eau à cette solution?

b) On veut diluer cette solution à 0,1 %m/V. Quelle quantité d'eau faut-il ajouter?

Solution

• La loi de la concentration :
$$C_1V_1 = C_2V_2$$

a) Dans l'équation $c_i \cdot V_i = c_f \cdot V_f$

On a :

$c_i = 10$ g/L

$V_i = 0,450$ L

$c_f = ?$ g/L

$V_f = 0,450$ L $+ 0,050$ L $= 0,500$ L

10 g/L $\cdot 0,450$ L $= ?$ g/L $\cdot 0,500$ L

$c_f = 9$ g/L

b) 0,1% m/V = 0,1g/100mL = 1g/L

Dans l'équation $c_i \cdot V_i = c_f \cdot V_f$

On a :

$c_i = 10$ g/L

$V_i = 0,450$ L

$c_f = 1$ g/L

$V_f = ?$ L

10 g/L $\cdot 0,450$ L $= 1$ g/L $\cdot ?$ L

$V_f = 4,5$L

donc pour obtenir un volume de 4,5L on doit ajouter 4,050 L
(4,5 L - 0,450 L)

Réponse :

a) 9 g/L   **b)** 4,050 L

34. (Obj. 3.2) Il faut préparer 3 L de vinaigre de concentration 2 % V/V à partir de vinaigre commercial 5 % V/V. Quel volume de vinaigre commercial faut-il utiliser et combien d'eau faut-il ajouter pour préparer la solution désirée?

Solution

Dans l'équation $c_i \cdot V_i = c_f \cdot V_f$

$c_i = 5 \%V/V$
$V_i = ? L$
$c_f = 2 \%V/V$
$V_f = 3 L$
$5 \%V/V \cdot ? L = 2 \%V/V \cdot 3 L$
$? L = 1,2 L$

donc, pour obtenir un volume de 3,0 L
on doit ajouter 1,8 L (3,0 L - 1,2 L)

Réponse :
On doit utiliser 1,2 L de vinaigre 5 % et ajouter 1,8 L d'eau.

35. (Obj. 3.3) Quel énoncé décrit correctement une mole?

A) Nombre d'atome contenu dans une molécule.

B) Quantité de matière d'un système contenant autant d'entités élémentaires qu'il y a d'atomes dans 0,012 kg de carbone 12.

C) Quantité de matière qui occupe un volume de 1 L.

D) Quantité de matière qui occupe un volume de 22,4 L.

Réponse : **B**

• Une mole est une quantité de matière d'un système contenant autant d'entités élémentaires qu'il y a d'atomes dans 0,012 kg de carbone 12.

36. (Obj. 3.3) Vrai ou faux?

a) Dans une mole de molécules d'oxygène (O_2), il y a 2 fois plus d'atomes d'oxygène que dans une mole de molécules de CO.

b) Dans une mole de molécules d'oxygène (O_2), il y a autant d'atomes que dans une mole de molécules de CO.

c) La masse d'une mole d'atomes de carbone est de 12 g.

d) La masse d'une mole de n'importe quel élément d'une période est la même.

Solution

a) Dans une mole de molécules d'oxygène, il y a 2 fois plus d'oxygène que dans une mole de molécules de CO puisque la molécule d'oxygène est diatomique (composé de deux atomes).

b) La molécule d'oxygène est composée de deux atomes, comme la molécule de CO; les moles de ces substances auront donc le même nombre de particules.

c) La masse atomique indiquée dans le tableau périodique est équivalente à la masse d'une mole d'atomes exprimée en grammes. La masse d'une mole d'atomes de carbone est donc de 12 g.

d) La masse d'une mole de n'importe quel élément dépend du nombre de protons et de neutrons de cet élément, et ce nombre est différent pour chaque élément.

Réponse :
a : vrai; **b** : vrai; **c** : vrai; **d** : faux

37. (Obj. 3.5) Complétez le tableau ci-dessous :

Notions	Définitions
	Masse d'un atome relative à celle du carbone 12
	Somme des masses atomiques des atomes constituant une molécule
	Masse d'une mole de molécules exprimée en grammes
	Masse d'une mole d'atomes exprimée en gramme
	Quotient de la masse par le volume

Réponse :

Notions	Définitions
Masse atomique	Masse d'un atome relative à celle du carbone 12
Masse moléculaire	Somme des masses atomiques des atomes constituant une molécule
Masse molaire moléculaire	Masse d'une mole de molécules exprimée en gramme
Masse molaire atomique	Masse d'une mole d'atomes exprimée en gramme
Masse volumique	Quotient de la masse par le volume

38. (Obj. 3.5) Associez les nombres de la première liste aux notions de la seconde liste.

1) 40 g, 32 g, 16 u.m.a., 1 u.m.a., 74 g

2) *Masse molaire atomique de Ca, masse atomique de l'oxygène, masse atomique de l'hydrogène, masse molaire moléculaire de l'oxygène, masse molaire moléculaire de l'hydroxyde de calcium $Ca(OH)_2$*

Réponse :

Nombres	Notions
40 g	masse molaire atomique de Ca
32 g	masse molaire moléculaire de l'oxygène
16 u.m.a.	masse atomique de l'oxygène
1 u.m.a.	masse atomique de l'hydrogène
74 g	masse molaire moléculaire de l'hydroxyde de calcium $Ca(OH)_2$

39. (Obj. 3.5) Combien y a-t-il de moles (d'atomes ou de molécules) dans :

a) 20 g de calcium?

b) 9 g d'eau?

c) 80 g d'argon?

d) 254 g d'iode?

Solution

a)   20 g de calcium = ?
           40 g = 1 mol
             ? = 0,5 mol

b)   9 g d'eau = ?
           18 g = 1 mol
            ? = 0,5 mol

c)   80 g d'argon = ?
           40 g = 1 mol
           ? = 2 mol

d)   254 g d'iode = ?
       127 g = 1 mol
         ? = 2 mol

Réponse :
a) 0,5 mol
b) 0,5 mol
c) 2 mol
d) 2 mol

40. (Obj. 3.5) On gonfle quatre ballons aux mêmes conditions de température et de pression avec la même masse de :

A) gaz carbonique;

B) oxygène;

C) hydrogène;

D) argon.

Quel ballon aura le plus petit volume?

Solution

Le volume des gaz est proportionnel au nombre de moles de ce dernier. Pour une même masse, la matière qui a la masse moléculaire la plus grande aura le plus petit nombre de moles, donc le plus petit volume. Dans ce cas-ci, c'est l'argon avec 80 g/mol.

Réponse : D

41. (Obj. 3.6) La concentration molaire d'une solution est :

A) le quotient de la masse molaire du soluté par le volume de la solution.

B) le nombre de moles de soluté dans un litre de solution.

C) le nombre de moles de solvant dans un litre de solution.

D) le rapport du nombre de moles de soluté dans la solution au nombre de moles de solvant.

Réponse : B

- La concentration molaire est le nombre de moles de soluté dans un litre de solution :

$$c = \frac{n}{V}$$

42. (Obj. 3.6) On veut recueillir 700 g de sel à partir de l'eau de mer. Sachant que la concentration molaire de l'eau salée est de 0,6 mol/L, déterminez la quantité d'eau qu'il faudra faire évaporer.

Solution

1re étape : 700 g = ? mole NaCl
$\qquad\qquad$ 58,5 g = 1 mole NaCl
$\qquad\qquad\qquad$ donc :
$\qquad\qquad\qquad\qquad$? = 11,97 moles

2e étape : $\qquad\qquad$ $n = c \cdot V$
$\qquad$ nombre de mole = concentration • volume
$\qquad\qquad$ 11,97 moles = 0,6 mol/L • ?
$\qquad\qquad\qquad$ donc:
$\qquad\qquad\qquad\qquad$? = 19,95 L

Réponse :   20 L (19,95 L)

43. (Obj. 3.7) **Dans une expérience, on a besoin de 100 ml d'une solution de HCl à 0,02 mol/L, mais on dispose seulement d'une solution de 0,1 mol/L. Choisissez la bonne démarche.**

A) On verse 100 ml de HCl à 0,1 mol/L dans un becher avec 400 mL d'eau distillée.

B) On verse 20 ml de HCl à 0,1 mol/L dans un becher de 80 mL d'eau distillée.

C) On verse 80 mL d'eau distillée dans un becher de 20 mL de HCL à 0,1 mol/L.

D) On verse 80 ml de HCl à 0,1 mol/L dans un becher avec 20 mL d'eau distillé.

Solution

En appliquant la loi de concentration dans le cas de la concentration molaire :

$$c_i \bullet V_i = c_f \bullet V_f$$

où $c_i = 0,1 mol/L$, $V_f = 100$ mL et $c_f = 0,02$ mol/L,

on calcule donc le volume V_i nécessaire de la solution dont on dispose :

$$0,1 \text{ mol/L} \bullet V_i = 0,02 \text{ mol/L} \bullet 100 \text{ mL}$$

d'où $V_i = 20$ mL.

Dans les réponses **B** et **C**, on parle du volume (20 mL) de HCl. Mais on doit choisir la réponse **B**, car, pour des raisons de sécurité, on ajoute toujours l'acide à l'eau et non l'inverse.

Réponse :   **B**

4 LES INDICATEURS

Cet objectif a pour but, à l'aide de la propriété indicatrice de certaines substances et de l'échelle de pH, de déterminer l'acidité et l'alcalinité des solutions.

Objectifs intermédiaires	Voie 416	Voie 436	Enrichissement	Contenus
4.1	✓	✓		Les indicateurs
4.2	✓	✓		Échelle de pH
4.3	✓	✓		Point de virage d'un indicateur
4.4	✓	✓		Point de virage d'un mélange de deux indicateurs
4.5	✓	✓		Indicateurs domestiques
4.6		✓		PH et concentrations molaires
4.7		✓		$[H^+]$ et $[OH^-]$ de l'eau pure

44. (Obj. 4.1) Quel énoncé décrit le mieux un indicateur?

A) Un indicateur est une substance qui réagit avec les acides.

B) Un indicateur est une substance qui réagit avec les bases.

C) Un indicateur est une substance capable de détruire un acide ou une base.

D) Un indicateur est une substance capable de changer de couleur en présence (au contact) de solutions acides ou de solutions basiques.

Réponse : D

• Un indicateur est une substance capable de changer de couleur en présence de solutions acides ou de solutions basiques.

45. (Obj. 4.1) Au laboratoire, un élève a préparé trois solutions : HCl, NaOH et NaHCO₃, mais il a oublié de coller les étiquettes sur chaque récipient. Pour identifier

les solutions, il a examiné leurs propriétés avec du papier tournesol. Voici les résultats :

Solution A :   bleuit le papier tournesol.

Solution B :   ne réagit pas avec le papier tournesol.

Solution C :   rougit le papier tournesol.

Identifiez ces trois substances.

Solution

• Le papier tournesol est un indicateur (substance qui réagit en changeant de couleur) qui devient bleu en présence d'une base et rouge en présence d'un acide.

Dans les exercices précédents, vous avez appris à reconnaître une base à son groupe OH et un acide à son groupe H.

Réponse :

Solution A :   NaOH   Solution B : $NaHCO_3$ Solution C : HCl

46. (Obj. 4.2) Vrai ou faux?

a) Le symbole pH signifie potentiel d'hydrogène.

b) La valeur du pH dépend de la concentration en ions hydrogène d'une solution.

c) L'indicateur universel permet d'établir le pH d'une solution.

d) Les indicateurs colorés permettent d'établir précisément le pH d'une solution.

Réponse :

a) Vrai

b) Vrai

c) Vrai

d) Faux, les indicateurs colorés permettent seulement de placer la solution dans un intervalle de valeurs de pH.

• Le pH mesure le degré d'acidité d'un milieu. Sa valeur fait référence à la concentration en ions hydrogène d'une solution.

47. (Obj. 4.2) À l'aide d'un indicateur universel, vous mesurez le pH de différentes substances.

Substances	pH	Types de solutions (acides, basiques neutres)
Eau distillée	7	
Jus de tomate	4,2	
Eau de mer	8,4	
Sang humain	de 7,3 à 7,5	
Jus de pamplemousse	3,5	
Café au lait	6	
Nettoyeur à plancher	11	
Vinaigre	2,8	

a) Indiquez, dans la troisième colonne, si la solution est acide, basique ou neutre.

b) Quelle solution est la plus fortement acide?

c) Quelle solution est la plus faiblement basique?

Solution

- Une échelle de pH est gradué de 0 à 14.

  Un pH inférieur à 7 caractérise une solution acide.

  Un pH supérieur à 7 caractérise une solution basique.

  Un pH égal à 7 caractérise une solution neutre.

Le point de partage acide/base est 7. Plus la solution est acide, plus le pH sera petit; plus la solution est basique, plus le pH sera grand.

pH	0	à	7	7	7	à	14
Solution		Acide		Neutre		Basique	
	Fort	←→	Faible		Faible	←→	Fort

Plus on est près du «point neutre», plus la caractéristique Acide/Base est faible.

Réponse :   **a)**

Substances	pH	Types de solutions (acides, basiques, neutres)
Eau distillée	7	Neutre
Jus de tomate	4,2	Acide
Eau de mer	8,4	Base
Sang humain	de 7,3 à 7,5	Base
Jus de pamplemousse	3,5	Acide
Café au lait	6	Acide
Nettoyeur à plancher	11	Base
Vinaigre	2,8	Acide

b) Vinaigre.

c) Sang humain.

48. (Obj. 4.2) Une solution dont le pH est 8, comparée à une solution dont le pH est 10, est

A) 2 fois plus basique.

B) 100 fois plus basique.

C) 2 fois moins basique.

D) 100 fois moins basique.

E) 2 fois plus acide.

Conseil

Dans une comparaison, il faut être attentif à l'ordre des termes. Ici, c'est la première solution qui est comparée à la deuxième.

Pour faciliter votre décision, vous pouvez reproduire la phrase.

Exemple : Une solution dont le pH est 8 est 2 fois plus basique qu'une solution dont le pH est 10. → Faux

Solution

Plus le pH d'une solution est petit, plus la solution est acide. Dans l'échelle du pH, un abaissement de une unité correspond à une augmentation de 10 du facteur d'acidité; inversement, une augmentation de une unité du pH correspond à une augmentation de

10 du facteur basique. Deux abaissements consécutifs de une unité correspondent à une augmentation de 100 (10 • 10) du facteur d'acidité ou à une diminution de 100 du facteur basique.

Réponse :   D

49. (Obj. 4.3 et 4.4) Voici quatre indicateurs et leur point de virage.

Indicateurs	1	2	3	4	5	6	7	8	9	10	11	12
1-Méthylorange	R	R	O	O	O	J	J	J	J	J	J	J
2-Rouge de méthyle	R	R	R	R	O	O	J	J	J	J	J	J
3-Tournesol	R	R	R	R	r	r	r	r	B	B	B	B
4-Phénolphtaléine	I	I	I	I	I	I	I	r	r	r	V	V

Légende : R : Rouge
O : Orange
J : Jaune
r : Rose violacé
B : Bleu
I : Incolore
V : Violet

En vous référant au tableau ci-dessus, complétez le texte suivant :

Pour chaque indicateur on remarque _____ zones de couleur. La zone de pH qui correspond à la couleur intermédiaire est appelée _____. La zone de virage du tournesol est de pH _____ à pH _____. Une solution acide à laquelle on ajoute une goutte de phénolphtaléine demeure _____. L'indicateur _____ est l'indicateur le plus approprié pour s'assurer qu'une solution est très acide; l'indicateur _____ est l'indicateur le plus approprié pour s'assurer qu'une solution est très basique. Le mélange de méthylorange et de phénolphtaléine peut prendre _____ de couleurs. Les zones de virage de ce mélange sont de pH _____ à pH _____ et de pH _____ à pH _____.

Réponse :

Pour chaque indicateur on remarque **3** zones de couleur. La zone de pH qui correspond à la couleur intermédiaire est appelée **point de virage**. La zone de virage du tournesol est de pH **5** à pH **8**. Une solution acide à laquelle on ajoute une goutte de phénolphtaléine demeure **incolore**. L'indicateur **1** est l'indicateur le plus approprié pour s'assurer qu'une solution est très acide; l'indicateur **4** est l'indicateur le plus approprié pour s'assurer qu'une solution est très basique. Le mélange de méthylorange et de phénolphtaléine peut prendre **5 zones** de couleurs. Les zones de virage de ce mélange sont de pH **3** à pH **5** et de pH **8** à pH **10**.

- La zone de pH où l'indicateur change de couleur est appelée *point de virage*. L'indicateur prend alors une couleur intermédiaire.

50.(Obj. 4.6 et 4.7) Parmi les énoncés suivants, trouvez ceux qui correspondent aux solutions acides, basiques (alcalines) et neutres.

A) La concentration en ions H^+ est supérieure à celle en ions OH^-.

B) La concentration en ion H^+ vaut $1 \bullet 10^{-7}$ mol/L.

C) Le pH varie de 7 à 14.

D) $[H^+] = [OH^-]$

E) Le pH varie de 0 à 7.

F) Le pH vaut 7.

Solution

Nous pourrions résumer nos connaissances sur les solutions acides, basiques et neutres à l'aide d'un petit tableau.

	Solutions acides	Solutions basiques	Solutions neutres
Réaction avec le papier tournesol	Rougit	Bleuit	Aucune
	$[H^+] > [OH^-]$	$[H^+] < [OH^-]$	$[H^+] = [OH^-]$
	$[H^+] > 1 \bullet 10^{-7}$	$[H^+] < 1 \bullet 10^{-7}$	$[H^+] = 1 \bullet 10^{-7}$ $[OH^-] = 1 \bullet 10^{-7}$
pH	de 0 à 7	de 7 à 14	7

Réponse :

A) Solutions acides.

B) Solutions neutres.

C) Solutions alcalines (basiques).

D) Solutions neutres.

E) Solutions acides

F) Solutions neutres.

51. (Obj. 4.6 et 4.7) Complétez le tableau suivant :

Solutions	Concentration en mol/L des ions H⁺ [H⁺]	Concentration en mol/L des ions OH⁻ [OH⁻]	pH
HCl 0,1mol/L			
NaOH 0,1mol/L			
H₂O distillée			

Solution

La définition du pH est : $pH = - \log_{10}([H^+])$

Autrement dit, si pour une solution la concentration en ions hydrogène ne comporte que la base 10 exposant un certain nombre (ex : 10^{-8}), on peut rapidement calculer son pH en prenant l'exposant et en changeant son signe (Ex : pH = 8).

On doit aussi savoir que le produit de [H⁺] par [OH⁻] donne toujours $1 \bullet 10^{-14}$.

Pour HCl à 0,1 mol/L

l'équation de dissociation est :

HCl $\rightarrow H^+ + Cl^-$

1 mol $\rightarrow$ 1 mol + 1 mol (d'après l'équation)

0,1 mol/L $\rightarrow$ 0,1 mol/L + 0,1 mol/L (d'après la concentration)

donc,

$[H^+] = 0,1 = 1 \bullet 10^{-1}$

et

$pH = 1$

Pour calculer la concentration des ions OH⁻ on utilise l'équation suivante :

$$[H^+] \bullet [OH^-] = 1 \bullet 10^{-14}$$
$$1 \bullet 10^{-1} \bullet [OH^-] = 1 \bullet 10^{-14}$$
$$\text{alors : } [OH^-] = 1 \bullet 10^{-13}\,\text{mol/L}$$

Pour NaOH à 0,1 mol/L

L'équation de dissociation est :

NaOH	$\to Na^+ + OH^-$
1 mol	$\to$ 1 mol + 1 mol (d'après l'équation)
0,1 mol/L	$\to$ 0,1 mol/L + 0,1 mol/L (d'après la concentration)

donc,

$$[OH^-] = 0,1 = 1 \bullet 10^{-1}\,\text{mol/L}$$

Pour calculer la concentration des ions H⁺ on utilise l'équation suivante :

$$[OH^-] \bullet [H^+] = 1 \bullet 10^{-14}$$
$$1 \bullet 10^{-1} \bullet [H^+] = 1 \bullet 10^{-14}$$
$$\text{alors :}$$
$$[H^+] = 1 \bullet 10^{-13}\,\text{mol/L}$$
$$\text{par conséquent :}$$
$$pH = 13$$

Pour H₂O distillée

Le pH de l'eau distillée étant de 7, la concentration des ions H⁺ vaut $1 \bullet 10^{-7}\,\text{mol/L}$.
Pour calculer la concentration des ions OH⁻ on utilise l'équation suivante :

$$[H^+] \bullet [OH^-] = 1 \bullet 10^{-14}$$
$$1 \bullet 10^{-7} \bullet [OH^-] = 1 \bullet 10^{-14}$$
$$\text{alors :}$$
$$[OH^-] = 1 \bullet 10^{-7}\,\text{mol/L}$$

Réponse :

Solution	Concentration en mol/L des ions H⁺ [H⁺]	Concentration en mol/L des ions OH⁻ [OH⁻]	pH
HCl 0,1mol/L	$1 \cdot 10^{-1}$	$1 \cdot 10^{-13}$	1
NaOH 0,1mol/L	$1 \cdot 10^{-13}$	$1 \cdot 10^{-1}$	13
H_2O distillée	$1 \cdot 10^{-7}$	$1 \cdot 10^{-7}$	7

52. (Obj. 4.6) **Au laboratoire, on mélange une solution de 500 mL de HCl dont le pH = 2 avec 4500 mL d'eau pure. Quel sera le pH de la nouvelle solution?**

A) 7

B) 4

C) 1

D) On ne peut le déterminer.

E) 3

Solution

pH = 2 correspond à une concentration de 10^{-2} moles/L (10^{-2} moles d'ions H⁺ dans 1 L de solution). Donc, dans 500 mL, on a $0,5 \cdot 10^{-2}$ = 0,005 mole d'ions H⁺. Si on ajoute 4500 mL d'eau pure, on obtient 5000 mL de solution avec 0,005 mole d'ions H⁺.

La concentration [H⁺] = 0,005 mol / 5000 mL = 0,001 mol/L = 10^{-3} mol/L. Ainsi le pH devient 3.

 REMARQUE Le volume de la substance passe de 500 mL à 5000 mL en conservant la même quantité de moles HCl. La concentration de HCl diminue donc de 10 fois, ce qui correspond à une augmentation de l'indice pH de 1.

Réponse : **E**

53. (Obj. 4.6) Des solutions sont caractérisées comme suit :

> Solution A : acide, 0,01 mol/L
> Solution B : pH = 5
> Solution C : $[H^+] = 10^{-3}$ mol/L
> Solution D : $[OH^-] = 10^{-3}$ mol/L
> Solution E : base, 0,01 mol/L
> Solution F : $[H^+] = [OH^-]$

Complétez :

a) Les solutions _____ sont acides.

b) Les solutions _____ sont basiques.

c) La solution _____ est neutre.

d) La solution A est plus acide que _____

Conseil

Ici encore, il faut transformer les données pour pouvoir les comparer. Par exemple, on peut choisir de trouver le pH de chacune des solutions.

Solution

Solution A :   acide, 0,01mol/L

               Acide : caractérisé par la présence d'ions H^+

               $[H^+] = 0,01$ mol/L $= 10^{-2}$ mol/L

               pH = 2

Solution B :   pH = 5

Solution C : $[H^+] = 10^{-3}$ mol/L

               pH = 3

Solution D : $[OH^-] = 10^{-3}$ mol/L

               $[H^+] = 1 \cdot 10^{-11}$ car $[H^+] \cdot [OH^-] = 1 \cdot 10^{-14}$

               pH = 11

Solution E :   base, 0,01mol/L

                    Base : caractérisée par la présence d'ions OH^-

                    $[OH^-] = 0,01$ mol/L $= 10^{-2}$ mol/L

                    $[H^+] = 1 \cdot 10^{-12}$

                    $pH = 12$

Solution F : $[H^+] = [OH^-]$

                    solution neutre $pH = 7$

Le pH est un indicateur d'acidité. Plus le pH est petit, plus la solution est acide.

Réponse :

a) Les solutions A, B et C sont acides.

b) Les solutions D et E sont basiques.

c) La solution F est neutre.

d) La solution A est plus acide que B, C, D, E et F

5 LES RÉACTIONS CHIMIQUES

Vous devrez analyser les transformations chimiques en utilisant la loi de la conservation de la matière avec laquelle vous vous êtes familiarisé au cours de vos expériences.

Objectifs intermédiaires	Voie 416	Voie 436	Enrichissement	Contenus
5.1	✓	✓		Neutralisation d'un acide ou d'une base
5.2	✓	✓		Représentation d'une transformation chimique
5.3	✓	✓		Loi de la conservation de la masse
5.4	✓	✓		Équations équilibrées
5.5		✓		Application de la loi de la conservation de la masse
5.6		✓		Stœchiométrie
5.7			✓	De Lavoisier à Einstein.
5.8		✓		Calculs stœchiométriques

54. (Obj. 5.1) La neutralisation a lieu quand on ajoute les mêmes quantités :

A) d'un acide concentré [0,1 mol/L] à un acide dilué [0,001 mol/L]?

B) d'une base concentrée [0,1 mol/L] à une base diluée [0,001 mol/L]?

C) d'un acide concentré [0,1 mol/L] à une base diluée [0,001 mol/L]?

D) d'un base concentrée [0,1 mol/L] à un acide dilué [0,001 mol/L]?

E) d'un acide concentré [0,1 mol/L] à une base concentrée [0,1 mol/L]?

Solution

- Un acide est caractérisé par la présence d'ions H^+ et une base est caractérisée par la présence d'ions OH^-. Si l'on met en présence un acide et une base et que le nombre d'ions H^+ est égal au nombre d'ions OH^-, il y aura neutralisation. En effet, si $[H^+] = [OH^-]$ la solution est neutre.

Réponse : **E**

55. (Obj. 5.1) Quand on effectue la neutralisation de l'acide chlorhydrique (HCl) par la calcite (Carbonate de calcium : $CaCO_3$), il y a dégagement d'un gaz capable de brouiller l'eau de chaux. Lors de cette neutralisation, y-a-t-il formation :

A) d'eau, de chlorure de calcium ($CaCl_2$) et d'oxygène?

B) de dioxyde de carbone (CO_2) et de H_2CO_3?

C) d'eau et de $Ca(OH)_2$?

D) d'eau, de sel $CaCl_2$ et de dioxyde de carbone (CO_2)?

Solution

La réaction de neutralisation est caractérisée par le fait qu'on obtient toujours de l'eau et du sel. De plus, dans la question, on parle de dégagement d'un gaz capable de brouiller l'eau de chaux, ce qui est une propriété du dioxyde de carbone. L'équation équilibrée serait :

$$2\ HCl + CaCO_3 \rightarrow H_2O + CaCl_2 + CO_2$$

Réponse : **D**

56. (Obj. 5.2) Lors de la réaction du carbonate de calcium avec l'acide chlorhydrique,

a) les réactifs (substances réagissantes) sont : _____

b) les produits (substances qui sont produites) sont :_____

c) la représentation de la transformation chimique effectuée est :_____

Solution

On parle de réaction du carbonate de calcium avec l'acide chlorhydrique; ce sont donc les **réactifs**.

Les **produits** résultant de cette réaction ont été vus au numéro précédent : Eau (H_2O), sel ($CaCl_2$) et dioxyde de carbone (CO_2).

À partir des formules des réactifs et des produits, on peut proposer une représentation (pas une équation équilibrée) de la transformation chimique effectuée :

$$CaCO_3 + HCl \rightarrow H_2O + CaCl_2 + CO_2$$

Réponse :

a) $CaCO_3$ et HCl

b) Eau (H_2O); sel ($CaCl_2$) et dioxyde de carbone (CO_2)

c) $CaCO_3 + HCl \rightarrow H_2O + CaCl_2 + CO_2$

57. (Obj. 5.2) Écrivez la représentation de chaque transformation chimique.

a) Neutralisation d'une solution d'hydroxyde de sodium (NaOH) par l'acide chlorhydrique (HCl).

b) Neutralisation du vinaigre (CH_3COOH) par le carbonate de sodium (Na_2CO_3).

c) Neutralisation de l'acide sulfurique (H_2SO_4) par l'hydroxyde de potassium (KOH).

d) Neutralisation de l'acide nitrique (HNO_3) par le carbonate de magnésium ($MgCO_3$).

Réponse :

a) $NaOH + HCl \rightarrow NaCl + H_2O$

b) $CH_3COOH + Na_2CO_3 \rightarrow NaCH_3COO + H_2O + CO_2$

c) $H_2SO_4 + KOH \rightarrow K_2SO_4 + H_2O$

d) $HNO_3 + MgCO_3 \rightarrow Mg(NO_3)_2 + H_2O + CO_2$

58. (Obj. 5.3) Quels énoncés sont vrais?

A) Dans toute réaction chimique, la somme des masses des corps réagissants est égale à la somme des masses des substances obtenues.

B) Dans toute réaction chimique, le nombre de moles des réactifs est égale au nombre de moles des produits.

C) Dans une équation décrivant une réaction chimique, le nombre d'atomes présents avant la réaction est strictement égal au nombre d'atomes présents après celle-ci.

Solution

• «Rien ne se perd, rien ne se crée». (Lavoisier). **La masse des substances après une réaction est identique à celle d'avant la réaction.** La conservation de masse est due à la conservation du nombre d'atomes; le nombre totale d'atomes présents au début d'une réaction chimique est donc identique au nombre d'atomes présents à la fin. En revanche, le nombre de moles peut varier puisque l'agencement des molécules nous donne des produits différents des substances réagissantes.

Réponse : A et C

59. (Obj. 5.4) Quel schéma correspond à la réaction de la synthèse de l'ammoniac NH_3? Écrivez l'équation de cette réaction.

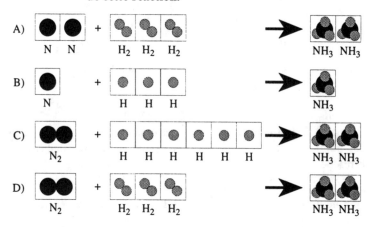

Solution

L'ammoniac est créé à la suite d'une réaction entre l'azote et l'hydrogène. Ces deux réactifs sont des gaz diatomiques (molécules formées de deux atomes identiques). Les trois premiers schémas ne peuvent pas être considérés comme la réponse, car :

- dans le choix A, l'azote est représenté comme un gaz monoatomique;,
- dans le choix B, les deux gaz sont représentés comme des gaz monoatomiques;
- dans le choix C, l'hydrogène est représenté comme un gaz monoatomique.

Réponse :   D) $N_2 + 3\,H_2 \rightarrow 2\,NH_3$

60. (Obj. 5.4) **Quelle équation représente la neutralisation de l'hydroxyde de baryum ($Ba(OH)_2$) par l'acide sulfurique (H_2SO_4)?**

A) $Ba(OH)_2 + H_2SO_4 \rightarrow BaSO_4 + H_2O$

B) $2Ba(OH)_2 + H_2SO_4 \rightarrow Ba_2SO_4 + H_2O$

C) $Ba(OH)_2 + H_2SO_4 \rightarrow BaSO_4 + 2H_2O$

D) $BaSO_4 + H_2O \rightarrow Ba(OH)_2 + H_2SO_4$

Conseil

Il faut bien identifier les substances réagissantes. Il peut être utile de construire un tableau pour faciliter le décompte des atomes avant et après la réaction.

Solution

Une neutralisation doit produire de l'eau; par conséquent **d** est à rejeter.

Hydroxyde de baryum : $Ba(OH)_2$

Acide sulfurique : H_2SO_4

Équation a : $Ba(OH)_2 + H_2SO_4 \rightarrow BaSO_4 + H_2O$		
	Avant la réaction	Après la réaction
Quantité de (en atomes)		
Ba	1	1
O	2 + 4 = 6	4 + 1 = 5
H	2 + 2 = 4	2
S	1	1
Conclusion : non-équilibrée		

Équation b : $2Ba(OH)_2 + H_2SO_4 \rightarrow BaSO_4 + H_2O$		
	Avant la réaction	Après la réaction
Quantité de (en atomes)		
Ba	2	1
O	2•2 + 4 = 8	4 + 1 = 5
H	2•2 + 2 = 6	2
S	1	1
Conclusion : non-équilibrée		

Équation c : $Ba(OH)_2 + H_2SO_4 \rightarrow BaSO_4 + 2H_2O$		
	Avant la réaction	Après la réaction
Quantité de (en atomes)		
Ba	1	1
O	2 + 4 = 6	4 + 2•1 = 6
H	2 + 2 = 4	2•2 = 4
S	1	1
Conclusion : équilibrée		

Réponse :   C

61. (Obj. 5.4) Vérifiez si les équations respectent la loi de la conservation du nombre d'atomes, sinon équilibrez ces équations.

a) $3\ Cu(OH)_2 + 2\ H_3PO_4 \rightarrow Cu_3(PO_4)_2 + 6\ H_2O$

b) $NaOH + H_2SO_4 \rightarrow Na_2SO_4 + H_2O$

c) $H_2O \rightarrow H_2 + O_2$

d) $Ca(OH)_2 + 2\ HCl \rightarrow CaCl_2 + H_2O$

e) $Ba(OH)_2 + H_2SO_4 \rightarrow BaSO_4 + H_2O$

Réponse :
a) Équilibrée
b) $\mathbf{2}\ NaOH + H_2SO_4 \rightarrow Na_2SO_4 + \mathbf{2}\ H_2O$
c) $\mathbf{2}\ H_2O \rightarrow \mathbf{2}\ H_2 + O_2$
d) $Ca(OH)_2 + 2\ HCl \rightarrow CaCl_2 + \mathbf{2}\ H_2O$
e) $Ba(OH)_2 + H_2SO_4 \rightarrow BaSO_4 + \mathbf{2}\ H_2O$

62. (Obj. 5.4) Équilibrez les équations suivantes et associez à chacune ce qu'elle représente.

a) $C_2H_2 + O_2 \rightarrow CO_2 + H_2O$

b) $N_2H_4 + O_2 \rightarrow N_2 + H_2O$

c) $Na + H_2O \rightarrow NaOH + H_2$

d) $Fe + O_2 \rightarrow Fe_2O_3$

e) $NaHCO_3 + H_2SO_4 \rightarrow Na_2SO_4 + H_2O + CO_2$

f) $Na_2CO_3 + CaCl_2 \rightarrow NaCl + CaCO_3$

I Décomposition de l'eau par le sodium

II Oxydation du fer

III Formation du gaz carbonique

IV Neutralisation

V Combustion d'hydrazine

VI Formation d'un précipité du carbonate de calcium

Solution

Il faut trouver les éléments qui sont correctement placés et profiter des indices.

Exemple : *Combustion* et *oxydation* indiquent la présence de O_2 dans les réactifs. *Neutralisation* indique la présence de H_2O et d'au moins un sel dans les produits ainsi que la présence d'acide et de base dans les réactifs.

Réponse :

a) $2\,C_2H_2 + 5\,O_2 \rightarrow 4\,CO_2 + 2\,H_2O$ \qquad et \qquad III

b) $N_2H_4 + O_2 \rightarrow N_2 + 2\,H_2O$ \qquad et \qquad V

c) $2\,Na + 2\,H_2O \rightarrow 2\,NaOH + H_2$ \qquad et \qquad I

d) $4\,Fe + 3\,O_2 \rightarrow 2\,Fe_2O_3$ \qquad et \qquad II

e) $2\,NaHCO_3 + H_2SO_4 \rightarrow Na_2SO_4 + 2\,H_2O + 2CO_2$ \quad et \quad IV

f) $Na_2CO_3 + CaCl_2 \rightarrow 2\,NaCl + CaCO_3$ \qquad et \qquad VI

63. (Obj. 5.5) En calculant la masse molaire, vérifiez la loi de la conservation de la masse dans les réactions équilibrées du problème précédent.

Réponse :

a) L'équation équilibrée de la formation du gaz carbonique est :

$$2\,C_2H_2 + 5\,O_2 \rightarrow 4\,CO_2 + 2\,H_2O$$

Il faut déterminer la masse molaire de chaque substance présente.

$$C_2H_2 : \quad 2 \cdot 12\ g + 2 \cdot 1\ g = 26\ g$$
$$O_2 : \quad 2 \cdot 16\ g = 32\ g$$
$$CO_2 : \quad 1 \cdot 12\ g + 2 \cdot 16\ g = 44\ g$$
$$H_2O : \quad 2 \cdot 1\ g + 1 \cdot 16\ g = 18\ g$$
$$\text{La masse des réactifs} = \quad 2 \cdot 26\ g + 5 \cdot 32\ g = 212\ g$$
$$\text{La masse des produits} = \quad 4 \cdot 44\ g + 2 \cdot 18\ g = 212\ g$$

Or, la somme des masses des réactifs est égale à la somme des masses des produits.

b) L'équation équilibrée de la combustion d'hydrazine est :

$$N_2H_4 + O_2 \rightarrow N_2 + 2\,H_2O$$

Il faut déterminer la masse molaire de chaque substance présente.

$$N_2H_4 : 32\ g$$
$$O_2 : 32\ g$$
$$N_2 : 28\ g$$
$$H_2O : 18\ g$$
$$\text{La masse des réactifs} = 1 \cdot 32\ g + 1 \cdot 32\ g = 64\ g$$
$$\text{La masse des produits} = 1 \cdot 28\ g + 2 \cdot 18\ g = 64\ g$$

Or, la somme des masses des réactifs est égale à la somme des masses des produits.

c) L'équation équilibrée de la décomposition de l'eau par le sodium est :

$$2\,Na + 2\,H_2O \rightarrow 2\,NaOH + H_2$$

Il faut déterminer la masse molaire de chaque substance présente.

Na : 23 g

H_2O : 18 g

NaOH : 40 g

H_2 : 2 g

La masse des réactifs = $2 \cdot 23$ g + $2 \cdot 18$ g = 82 g

La masse des produits = $2 \cdot 40$ g + $1 \cdot 2$ g = 82 g

Or, la somme des masses des réactifs est égale à la somme des masses des produits.

d) L'équation équilibrée de l'oxydation du fer est :

$$4\,Fe + 3\,O_2 \rightarrow 2\,Fe_2O_3$$

Il faut déterminer la masse molaire de chaque substance présente.

Fe : 56 g

O_2 : 32 g

Fe_2O_3 : 160 g

La masse des réactifs = $4 \cdot 56$ g + $3 \cdot 32$ g = 320 g

La masse des produits = $2 \cdot 160$ = 320 g

Or, la somme des masses des réactifs est égale à la somme des masses des produits.

e) L'équation équilibrée de neutralisation est :

$$2\,NaHCO_3 + H_2SO_4 \rightarrow Na_2SO_4 + 2\,H_2O + 2\,CO_2$$

Il faut déterminer la masse molaire de chaque substance présente.

$NaHCO_3$: 84 g

H_2SO_4 : 98 g

$$Na_2SO_4 : 142 \text{ g}$$
$$H_2O : 18 \text{ g}$$
$$CO_2 : 44 \text{ g}$$

La masse des réactifs = 2 • 84 g + 1 • 98 g = 266 g

La masse des produits = 1 • 142 g + 2 • 18 g + 2 • 44 g = 266 g

Or, la somme des masses des réactifs est égale à la somme des masses des produits.

f) L'équation équilibrée de la formation d'un précipité du carbonate de calcium est :

$$Na_2CO_3 + CaCl_2 \rightarrow 2 \, NaCl + CaCO_3$$

Il faut déterminer la masse molaire de chaque substance présente.

$$Na_2CO_3 : 106 \text{ g}$$
$$CaCl_2 : 111 \text{ g}$$
$$NaCl : 58,5 \text{ g}$$
$$CaCO_3 : 100 \text{ g}$$

La masse des réactifs =   1 • 106 g + 1 • 111 g = 217 g

La masse des produits = 2 • 58,5 g + 1 • 100 g = 217 g

La somme des masses des réactifs est égale à la somme des masses des produits.

64. (Obj. 5.6 et 5.8) L'équation suivante représente la combustion d'hydrazine : $N_2H_4 + O_2 \rightarrow N_2 + 2 \, H_2O$.
Combien de grammes de H_2O seront produits par la combustion de 100 g d'hydrazine?

Solution

1° Équation équilibrée : N_2H_4 + O_2 → N_2 + 2 H_2O.

2° Nombre de moles : 1 mol 1 mol 1 mol 2 mol

3° Masse d'après l'équation : 32 g 32 g 28 g 36 g

4° Masse dans le problème : 100 g ? g

5° Donc par la règle de trois :

$$32 \text{ g de } N_2H_4 \to 36 \text{ g de } H_2O$$
$$100 \text{ g de } N_2H_4 \to ? \text{ g de } H_2O$$
$$? = 112,5 \text{ g}$$

Réponse : 112,5 g de H_2O

65. (Obj. 5.6 et 5.8) L'équation de l'oxydation du fer est :

$$4 \text{ Fe} + 3 O_2 \to 2 Fe_2O_3$$

Calculez la quantité de fer utilisé lors de la formation
de 100 g d'oxyde de fer.

Solution

1° Équation équilibrée : 4 Fe + 3 O_2 → 2 Fe_2O_3.

2° Nombre de moles : 4 mol 3 mol 2 mol

3° Masse d'après l'équation : 224 g 96 g 320 g

4° Masse dans le problème : ? g 100 g

5° Donc par la règle de trois :

$$224 \text{ g de Fe} \to 320 \text{ g de } Fe_2O_3$$
$$? \text{ g de Fe} \to 100 \text{ g de } Fe_2O_3$$
$$? = 70 \text{ g}$$

Réponse : 70 g de Fe

66. (Obj. 5.6 et 5.8) Quelle quantité d'acide sulfurique neutralise complètement 100 g de NaHCO₃ dans la réaction suivante :

$$2\ NaHCO_3 + H_2SO_4 \rightarrow Na_2SO_4 + 2\ H_2O + 2\ CO_2$$

Solution

1° Équation équilibrée : $2\ NaHCO_3 + H_2SO_4 \rightarrow Na_2SO_4 + 2\ H_2O + 2\ CO_2$

2° Nombre de moles :   2 mol   1 mol   1 mol   2 mol   2 mol

3° Masse d'après
l'équation :   168 g   98 g   142 g   36 g   88 g

4° Masse dans
le problème :   100 g   ? g

5° Donc par la règle de trois :

168 g de $NaHCO_3$ → 98 g de H_2SO_4

100 g de $NaHCO_3$ → ? g de H_2SO_4

? = 58,33 g

Réponse :   58,33 g de H_2SO_4

67. (Obj 5.6 et 5.8) En vous référant à la réaction suivante :

$$Na_2CO_3 + CaCl_2 \rightarrow 2\ NaCl + CaCO_3$$

calculez la quantité en grammes de précipité de carbonate de calcium ($CaCO_3$) que l'on peut obtenir en faisant réagir 100 mL d'une solution de carbonate de sodium (Na_2CO_3) 0,1 mol/L.

Solution

1° Nombre de moles de Na_2CO_3

dans 100 mL de la solution à 0,1 mol/L

vaut : 0,1 mol/L • 0,1 L = 0,01 mol

2° Équation équilibrée : $Na_2CO_3 + CaCl_2 \rightarrow 2\ NaCl + CaCO_3$

3° Nombre de moles :   1 mol   1 mol   2 mol   1 mol

4° Nombre de moles
d'après le problème :   0,01 mol   ? mol

5° Donc par la règle de trois :

   1 mol de $Na_2CO_3 \rightarrow$ 1 mol de $CaCO_3$

   0,01 mol de $Na_2CO_3 \rightarrow$? mol de $CaCO_3$

   ? = 0,01 mol

6° La masse d'une mole de $CaCO_3$ est de 100 g

   donc la masse de 0,01 mol de $CaCO_3$ est de 1 g.

Réponse :   1 g de $CaCO_3$

LES PRÉCIPITATIONS ACIDES

Vous devez être capable d'expliquer la formation des précipitations acides et d'identifier les effets du rejet des substances chimiques dans l'environnement.

Objectifs intermédiaires	Voie 416	Voie 436	Enrichissement	Contenus
6.1	✓	✓		Formation des précipitations acides
6.2			✓	Les précipitations acides et l'environnement
6.3			✓	Réduction des effets des précipitations acides sur l'environnement
6.4	✓	✓		Rejet de substances chimiques dans l'environnement

68. (Obj. 6.1) Vrai ou faux?

a) Les produits de la combustion du charbon, du pétrole et des déchets organiques s'échappent dans l'atmosphère et retombent sous forme de pluies ou de neiges acides.

b) Les produits de l'oxydation des métaux donnent naissance aux précipitations acides.

c) Les gaz polluants sont transportés par les vents et peuvent être entraînés à des milliers de kilomètres de leur point d'origine.

d) Les oxydes de soufre et d'azote mélangés avec la vapeur d'eau des nuages forment de l'acide sulfurique et de l'acide nitrique qui retombent sous forme de pluies acides.

Réponse :
a) Vrai
b) Faux; ces sont des substances solides dont les solutions aqueuses ont le caractère basique.
c) Vrai
d) Vrai

69. (Obj. 6.4) Pour chacune des substances données, notez leur origine ainsi que leur effet sur l'environnement en milieu biotique et en milieu abiotique.

Oxydes de soufre, déchets biomédicaux, déchets alimentaires, oxydes d'azote, monoxyde de carbone, ozone, pesticides, déchets domestiques.

Réponse :
Oxydes de soufre (SO_2, SO_3) : proviennent de sources naturelles (H_2S émis par le sol, les océans et les volcans qui, en réagissant avec O_2 de l'air, forme du SO_2 et de l'eau), des usines et d'autres sources. Effet : Ils donnent naissance aux pluies acides; le SO_2 attaque les organes respiratoires.

Oxydes d'azote (NO et NO_2) : proviennent d'industries de combustion.
Effet : Le NO_2 réduit la capacité circulatoire de l'oxygène dans le sang, le NO et le NO_2 donnent naissance aux pluies acides.

Monoxyde de carbone (CO) : sa principale source provient de la combustion incomplète de charbon.
Effet : empêche l'oxygénation du sang (effet mortel).

Ozone (O_3) : provient de la décomposition de NO_2.
Effet : cause des douleurs à la poitrine, des irritations.

Déchets alimentaires : proviennent d'usines agro-alimentaires.
Effet : influencent l'équilibre de la faune aquatique.

Pesticides : proviennent de l'agriculture et de diverses utilisations domestiques.
Effet : contaminent les aliments et affectent le foie, les systèmes nerveux, respiratoire et immunitaire.

Déchets biomédicaux : proviennent des hôpitaux, des cliniques et des laboratoires.
Effets : sources d'infections.

Déchets domestiques : proviennent des ordures ménagères et des eaux usées.
Effet : affecte les eaux souterraines.

PRÉTEST*

Section A

1. Un produit nettoyant contient de l'ammoniaque. On veut déterminer expérimentalement si l'ammoniaque est un acide, une base ou un sel.

Au cours de cette expérience, on doit vérifier certaines propriétés parmi les suivantes :

  a) effet sur un métal
  b) effet sur le papier de chlorure de cobalt
  c) effet sur le papier tournesol
  d) trouble de l'eau de chaux
  e) effet sur un acide ou une base
  f) activation (raviver) des tisons
  g) explosion en présence d'une flamme

Lesquelles de ces propriétés doit-on vérifier?

  A) a, c et e
  B) b, c et d
  C) b, d et g
  D) e, f et g

2. Le technicien vous prie de l'aider à mettre le laboratoire en ordre à la fin de l'année. Pour préparer l'inventaire et pour des raisons de sécurité, il vous demande de distinguer les acides, les bases et les sels de la liste suivante :

H_2SO_4, Na_2SO_4, HCl, HCH_3COO, NaCl, $KClO_3$, KOH

Quel classement allez-vous lui proposer?

  A) Acides : H_2SO_4, HCl, HCH_3COO
      Bases :   KOH
      Sels : Na_2SO_4, NaCl, $KClO_3$

* Les réponses du prétest sont en annexe à la page 236.

B) Acides : H_2SO_4, Na_2SO_4
    Bases : HCH_3COO, $KClO_3$, KOH
    Sels :   HCl, NaCl

C) Acides : HCl, NaCl
    Bases : H_2SO_4, Na_2SO_4
    Sels : HCH_3COO, $KClO_3$, KOH

D) Acides : KOH
    Bases : H_2SO_4, HCl, HCH_3COO
    Sels : Na_2SO_4, NaCl, $KClO_3$

3. Vous désirez diminuer de moitié la concentration d'une solution. Que faire?

A) Diluer de moitié la quantité de soluté et doubler la quantité de solvant.

B) Ajouter une quantité de solvant égale au volume de la solution initiale.

C) Faire évaporer la moitié du solvant présent dans la solution.

D) Doubler la quantité de soluté.

4. Au laboratoire, Sylvie a préparé quatre solutions de concentration et de volume différents. Le schéma du protocole de Sylvie est :

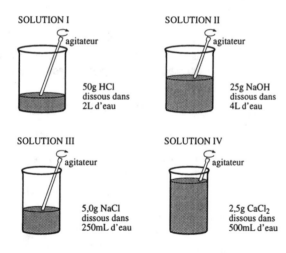

SOLUTION I
agitateur
50g HCl dissous dans 2L d'eau

SOLUTION II
agitateur
25g NaOH dissous dans 4L d'eau

SOLUTION III
agitateur
5,0g NaCl dissous dans 250mL d'eau

SOLUTION IV
agitateur
2,5g $CaCl_2$ dissous dans 500mL d'eau

Dans son rapport, Sylvie présente en ordre croissant les concentrations (g/L) des solutions.

Quel était l'ordre de présentation des solutions préparées par Sylvie?

A) IV, II, III et I

B) II, I, IV, III

C) IV, III, II et I

D) I, III, II et IV

5. À la maison, on trouve souvent une poudre blanche à récurer. On désire savoir si cette substance est acide, basique ou neutre.

Pour déterminer le pH de cette substance, que doit-on faire en premier lieu?

A) Placer un papier tournesol bleu sur le solide.

B) Placer un papier tournesol rouge sur le solide.

C) Dissoudre une petite quantité du solide dans l'eau.

D) Vérifier si le solide conduit le courant électrique.

6. Kim et Sébastien mesurent le pH de différentes solutions à l'aide d'un indicateur universel. Ils ont noté les résultats suivants :

Solutions	pH
Eau salée	8
Eau gazeuse	3
Nettoyeur liquide	11
Lave-vitre	9
Antiacide	10
Jus de raisin vert	3
Jus de pomme de terre	6
Vinaigre	3

Quelles sont les solutions acides?

A) Nettoyeur, jus de raisin, antiacide et eau salée.

B) Eau gazeuse, jus de raisin vert, jus de pomme de terre et vinaigre.

C) Nettoyeur, lave-vitre, eau gazeuse et vinaigre.

D) Jus de pomme de terre, lave-vitre, antiacide et eau salée.

7. Au laboratoire, on a neutralisé une solution d'hydroxyde de potassium (KOH) avec de l'acide sulfurique (H_2SO_4).

Quelle équation équilibrée représente correctement la réaction de neutralisation?

A) $KOH + H_2SO_4 \rightarrow H_3O + KSO_4$
B) $KOH + H_2SO_4 \rightarrow H_2O + K_2SO_4$
C) $KOH + H_2SO_4 \rightarrow OHSO_4 + KH_2$
D) $2\ KOH + H_2SO_4 \rightarrow 2\ H_2O + K_2SO_4$

8. Au laboratoire, Sophie analyse une réaction entre deux solutions. Voici la description de ses activités :

1. Propriétés observées

   SOLUTION 1
   • conduit bien le courant électrique.
   • est incolore.
   • rougit le papier tournesol bleu.
   • rosit le papier au chlorure de cobalt.

   SOLUTION 2
   • conduit bien le courant électrique.
   • est incolore
   • bleuit le papier tournesol rouge.
   • rosit le papier au chlorure de cobalt.

2. Préparation de la solution 3
   Elle prépare la 3e solution en mélangeant d'égales quantités des solutions 1 et 2.

3. Propriétés de la 3e solution
   • conduit bien le courant électrique.
   • est incolore.
   • ne change pas la couleur du tournesol.
   • rosit le papier au chlorure de cobalt.

Quelle équation peut représenter exactement la réaction entre les solution 1 et 2?

A) $NaOH + HCL$ $\rightarrow NaCl + H_2O$
B) $HCl + NaOH$ $\rightarrow NaCl + H_2O$
C) $NaOH + HCl$ $\rightarrow NaOH + HCl$
D) $NaCl + H_2O$ $\rightarrow HCl + NaOH$

9.   En neutralisant l'acide sulfurique (H_2SO_4) par de la soude caustique (NaOH), on obtient du sulfate de sodium (Na_2SO_4) et de l'eau.

Quelle équation équilibrée traduit la transformation chimique?

A) $H_2SO_4 + 2\,NaOH$ $\rightarrow Na_2SO_4 + 2\,H_2O$
B) $Na_2SO_4 + 2\,H_2O$ $\rightarrow H_2SO_4 + 2\,NaOH$
C) $H_2SO_4 + NaOH$ $\rightarrow Na_2SO_4 + 2\,H_2O$
D) $Na_2SO_4 + H_2O$ $\rightarrow H_2SO_4 + 2\,NaOH$

10.   Richard se plaint de la présence d'une mince couche noire sur ses fenêtres en aluminium naturel.
Kim lui explique que cette couche est due à l'oxydation de l'aluminium par l'oxygène de l'air.

Quelle équation équilibrée représente cette réaction?

A) $2\,Al + O_2$ $\rightarrow Al_2O_3$
B) $2\,Al + 3\,O_2$ $\rightarrow Al_2O_3$
C) $4\,Al + 3\,O_2$ $\rightarrow 2\,Al_2O_3$
D) $4\,Al + 2\,O_2$ $\rightarrow 2\,Al_2O_3$

11.   Parmi les transformations chimiques représentées par les équations suivantes, laquelle est une équation de neutralisation qui respecte la loi de la conservation de la matière?

A) $2\,NO + O_2$ $\rightarrow NO_2$
B) $2\,Na + 2\,H_2O$ $\rightarrow 2\,NaOH + H_2$
C) $H_3PO_4 + 3\,KOH$ $\rightarrow K_3PO_4 + 3\,H_2O$
D) $3\,HBr + Fe(OH)_3$ $\rightarrow FeBr_3 + 6\,H_2O$

Section B

1. Parmi les composés suivants, on trouve des acides, des bases et des sels :

   H_2SO_4, $Ca(OH)_2$, $CaCO_3$, NH_4OH, HCl et H_3PO_4

   Classez chaque composé d'après la formule moléculaire dans la colonne appropriée.

2. Pour déterminer le pH d'un jus de fruit, vous utilisez généralement du papier indicateur universel.

   À défaut de ce papier, vous utilisez du papier tournesol. Vous observez que le jus de fruit rougit le papier tournesol bleu.

   Que peux-tu dire à propos du pH de ce jus de fruit?

3. Certains produits colorés d'usage domestique (chou rouge, thé, etc.) peuvent servir d'indicateurs de pH.

   Quelle propriété doivent avoir ces substances pour agir comme indicateurs?

4. Dans la neutralisation de l'acide chlorhydrique HCl par de l'hydroxyde de magnésium $Mg(OH)_2$, il se forme du chlorure de magnésium, $MgCl_2$, et de l'eau, H_2O.

   Quelle équation équilibrée correspond à la réaction de neutralisation?

Section C

1. Dans un laboratoire, le technicien doit préparer 1,5 L de solution aqueuse de chlorure de sodium, $NaCl$, dont la concentration sera de 50 g/L.

   Quel est le protocole à suivre pour préparer cette solution?

   Laissez les traces de toutes les étapes de votre démarche.

2. Vous disposez d'un litre d'une solution d'iodure de potassium, KI, dont la concentration est de 25 g/L.

   Avec cette solution, on veut préparer un litre d'une solution de KI dont la concentration sera de 15 g/L.

   Écrivez le protocole de manipulation permettant d'obtenir cette nouvelle solution (15 g/L), en justifiant à chaque étape les quantités de solution de KI et d'eau distillée utilisées.

   Laissez les traces de toutes les étapes de votre démarche.

3. Au laboratoire, on vous remet une poudre blanche afin que vous déterminiez si elle est un électrolyte.

   Quel est votre protocole de manipulation?

   Laissez les traces de votre protocole.

4. Une usine brûle des résidus de charbon et de soufre produisant du CO, du CO_2 et du SO_2.

   Dans quelle mesure les gaz dégagés peuvent-ils avoir des effets nocifs sur les humains et sur l'environnement?

   Laissez les traces de votre démarche en donnant au moins deux éléments de réponse et justifiez.

Exemple d'un examen
de fin d'études secondaires[*]

Sciences physiques 416

Section A

1. Au laboratoire, Julie a analysé les propriétés de quatre solides. Voici le tableau qu'elle a rempli :

Solide	Masse	Volume	Forme	Masse Volumique
1	223 g	82 cm^3	cylindrique	2,7 g/cm^3
2	223 g	25 cm^3	cubique	8,9 g/cm^3
3	113 g	25 cm^3	sphérique	4,5 g/cm^3
4	38 g	14 cm^3	cubique	2,7 g/cm^3

Julie a trouvé que deux de ces solides sont probablement faits de la même substance. Quels sont ces solides?

A) 1 et 2, car ils ont la même masse.
B) 1 et 4, car ils ont la même masse volumique.
C) 2 et 3, car ils ont le même volume.
D) 2 et 4, car ils ont la même forme.

2. Pour le déjeuner Robert prend une baguette de pain au congélateur.

1   Il laisse dégeler cette baguette sur le comptoir.
2   Il coupe quelques tranches dans la baguette.
3   Il fait rôtir ces tranches dans le grille-pain.
4   Il étend du beurre qui fond rapidement sur les rôties chaudes.

À quel moment s'est-il produit un changement chimique?

A) En 1   B) En 2
C) En 3   D) En 4

---

[*] Les réponses de l'examen sont en annexe à la page 238.

3. Plusieurs modèles ont été élaborés pour représenter la matière. Voici de l'information se rapportant à deux de ces modèles.

1er modèle : La matière est continue. Toute chose est formée à partir de quatre éléments : l'eau, le feu, l'air et la terre.

2e modèle : La matière est constituée d'atomes. Un atome est formé d'un noyau où l'on retrouve des protons et des neutrons. Autour de ce noyau, des électrons évoluent sur des couches (niveaux d'énergie).

À qui peut-on associer chacun de ces modèles?

A) Le premier à Démocrite et le deuxième à Dalton.
B) Le premier à Démocrite et le deuxième à Rutherford et Bohr.
C) Le premier à Aristote et le deuxième à Rutherford et Bohr.
D) Le premier à Aristote et le deuxième à Dalton.

4. Au laboratoire, Christian fait des expériences sur deux substances pures qu'on lui a remises. Voici les observations qu'il a notées :

SUBSTANCE 1	Caractéristique	Avant Chauffage	Après chauffage à 400°C
	Conductibilité	nulle	nulle
	Couleur	blanche	blanche
	Forme	poudre	granulaire
	Magnétisme	nul	nul
	Masse	15,25g	13,50g
	Solubilité dans l'eau	oui	non

Note : Un gaz s'est dégagé pendant le chauffage; ce gaz a une odeur caractéristique et une couleur brunâtre.

SUBSTANCE 2	Caractéristique	Avant chauffage	Après chauffage à 400°C
	Conductibilité	bonne	bonne
	Couleur	grise	grise
	Forme	rectangulaire	ronde
	Magnétisme	nul	nul
	Masse	22,60g	22,60g
	Masse volumique	11,40g/cm³	11,40g/cm³
	Solubilité dans l'eau	non	non

À l'aide de ses notes, Christian doit décrire les deux substances en termes de composé ou d'élément.

Quel énoncé convient le mieux aux descriptions que Christian doit faire?

A) La substance 1 est un composé; la substance 2 peut être un
composé ou un élément.

B) La substance 1 est un élément; la substance 2 est un composé.

C) La substance 1 peut être un composé ou un élément; la substance 2 peut être un composé ou un élément.

D) La substance 1 peut être un composé ou un élément; la substance 2 est un élément.

5. La galène est un minerai qui contient du sulfure de plomb (PbS). Pour extraire le plomb de la galène, la première étape consiste à chauffer ce minerai en présence de dioxygène (O_2). Voici l'équation équilibrée de la relation :

$$2\ PbS + 3\ O_2 \rightarrow 2\ PbO + 2\ SO_2$$

Lequel des modèles ci-dessous représente cette réaction?

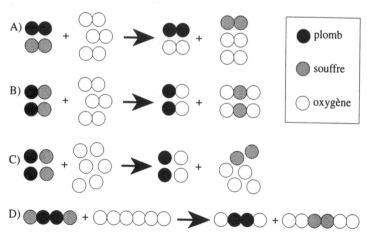

6. Les schémas ci-dessous illustrent des électro-aimants tous constitués d'un même noyau. L'un de ces électro-aimants produit cependant un champ magnétique plus intense que celui des autres.

Quel est cet électro-aimant?

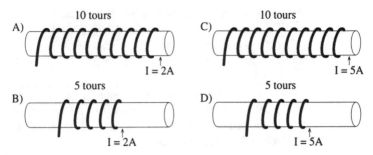

7. Un circuit comporte deux résistors R_1 et R_2 montés en parallèle.

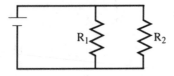

Vous devez brancher un ampèremètre de façon à pouvoir lire directement l'intensité du courant qui circule dans le résistor R_1. L'un des schémas ci-dessous illustre la façon de brancher cet ampèremètre.

De quel schéma s'agit-il?

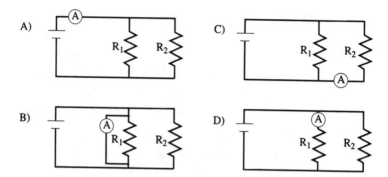

8. Un élève a fabriqué les deux montages illustrés ci-dessous. Chacun de ces montages comprend deux ampoules identiques, une pile de 1,5V et un voltmètre.

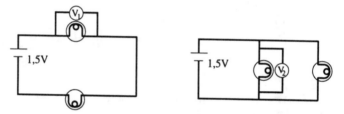

Quelle valeur affiche chacun des voltmètres V_1 e V_2?

A) $V_1 = 0,75$ V et $V_2 = 0,75$ V
B) $V_1 = 0,75$ V et $V_2 = 1,5$ V
C) $V_1 = 1,5$ V et $V_2 = 0,75$ V
D) $V_1 = 1,5$ V et $V_2 = 1,5$ V

9. L'énergie nécessaire pour recharger des piles est produite grâce à une suite de transformations d'énergie.

Quelle suite de transformation d'énergie permet de produire cette énergie?

A) Énergie d'une chute d'eau → Énergie d'une turbine en rotation → Énergie électrique → Énergie chimique

B) Énergie d'une turbine en rotation → Énergie d'une chute d'eau → Énergie chimique → Énergie électrique

C) Énergie d'une turbine en rotation → Énergie d'une chute d'eau → Énergie électrique → Énergie chimique

D) Énergie d'une chute d'eau → Énergie d'une turbine en rotation → Énergie chimique → Énergie électrique

10. Un solénoïde branché à une pile est placé entre le pôle nord et le pôle sud d'un aimant en forme de U.

Quel effet l'aimant produit-il sur le solénoïde?

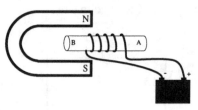

A) Le pôle nord attire tout le solénoïde alors que le pôle sud le repousse.

B) Le pôle sud attire tout le solénoïde alors que le pôle nord le repousse.

C) Le pôle nord attire la partie A du solénoïde et le pôle sud, la partie B

D) Le pôle sud attire la partie A du solénoïde et le pôle nord, la partie B.

11. Une bouilloire électrique contient 1000 g d'eau à la température de 20°C. On amène cette eau au point d'ébullition.

Quelle quantité d'énergie est alors consommée?

A) 83 800 J

B) 335 200 J

C) 419 000 J

D) 502 800 J

12. Pour classer trois solutions inconnues selon qu'elles sont acide, base ou sel, vous possédez les renseignements suivants :

Renseignements \ Solution	1	2	3
Conductibilité électrique	oui	oui	oui
Consistance au toucher	Non visqueuse	non visqueuse	visqueuse
Production d'hydrogène en présence du magnésium	oui	non	non
Réaction du papier tournesol bleu	devient rouge	reste bleu	reste bleu
Réaction du papier tournesol rouge	reste rouge	reste rouge	devient bleu

D'après ces renseignements, comment classez-vous les trois solutions?

A) Solution 1 : acide   Solution 2 : base   Solution 3 : sel
B) Solution 1 : acide   Solution 2 : sel   Solution 3 : base
C) Solution 1 : base   Solution 2 : acide   Solution 3 : sel
D) Solution 1 : base   Solution 2 : sel   Solution 3 : acide

13. Vous trouvez une bouteille contenant un liquide non identifié. À l'aide du papier indicateur universel, vous constatez que le pH de ce liquide est 11. Vous devez alors le neutraliser avant de vous en débarrasser.

Lequel des moyens ci-dessous permet de neutraliser ce liquide?

A) Ajouter une solution de NaOH.
B) Ajouter de l'eau distillée.
C) Ajouter une solution dont le pH est 5.
D) Ajouter une solution dont le pH est 8.

14. Vous devez préparer 300 mL d'une solution aqueuse d'hydroxyde de sodium (NaOH) ayant une concentration de 15 g/L.

Lequel des moyens ci-dessous vous permet d'obtenir la solution désirée?

A) Dissoudre 1,5 g de NaOH dans 50 mL d'eau et ensuite compléter le volume à 300 mL avec de l'eau.

B) Dissoudre 4,5 g de NaOH dans 100 mL d'eau et ensuite compléter le volume à 300 mL avec de l'eau.

C) Dissoudre 15 g de NaOH dans 150 mL d'eau et ensuite compléter le volume à 300 mL avec de l'eau.

D) Dissoudre 45 g de NaOH dans 200 mL d'eau et ensuite compléter le volume à 300 mL avec de l'eau.

15. Le gaz dichlore a été découvert en 1774 par le chimiste suédois Carl Wilhelm Scheele. C'est en faisant réagir du dioxyde de manganèse (MnO_2) avec de l'acide chlorhydrique (HCl) qu'il obtint le dichlore (Cl_2) en présence de dichlorure de manganèse ($MnCl_2$) et d'eau (H_2O).

Quelle équation équilibrée traduit la transformation chimique qui s'est produite?

A) $MnO_2 + HCl \rightarrow CL_2 + MnCl_2 + H_2O$
B) $Cl_2 + MnCl_2 + H_2O \rightarrow MnO_2 + HCl$
C) $Cl_2 + MnCl_2 + H_2O \rightarrow MnO_2 + 4\ HCl$
D) $MnO_2 + 4\ HCl \rightarrow Cl_2 + MnCl_2 + 2\ H_2O$

Section B

16. Le modèle moléculaire d'une substance est illustré ci-dessous.

● représente l'atome dont le numéro atomique est 13.

◉ représente l'atome qui possède 3 couches électroniques (niveaux d'énergie) et 7 électrons de valence

À quelle substance peut-on associer ce modèle moléculaire? Écrivez le nom chimique ou la formule moléculaire de cette substance.

17. Le graphique ci-dessous illustre l'intensité du courant L en fonction de la différence de potentiel U d'un résistor.

Quelle est la valeur de conductance G de ce résistor?

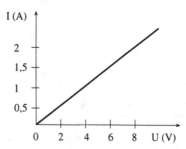

18. Une source de courant réglée à 12 V alimente le circuit illustré ci-dessous.

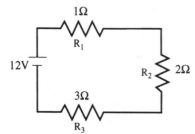

Quelle est l'intensité du courant qui circule dans le résistor R_3?

19. On verse quelques gouttes d'un indicateur obtenu à partir d'un mélange de rouge de méthyle et de jaune d'alizarine dans des solutions de pH variant de 1 à 14.

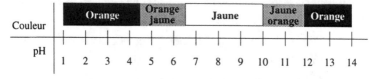

Le tableau ci-dessus indique la couleur que prend l'indicateur en présence de chacune des solutions.

D'après ce tableau, dans quels intervalles se situent les points de virage de cet indicateur?

Section C

20. On vous remet un échantillon des douze premiers éléments du tableau périodique. Chaque élément est désigné par une caractéristique inscrite sur une étiquette. Voici ce que vous pouvez lire sur chaque étiquette.

a) Possède 5 protons et 6 neutrons.

b) Est un gaz inerte.

c) Possède la configuration électronique suivante : •) 2) 6

d) Est un alcalino-terreux.

e) Peut placer ses électrons sur les deux premières couches.

f) Possède 2 électrons de valence et une dernière couche saturée.

g) Est un métal mou, très réactif, qui se conserve dans l'huile.

h) Doit prendre un électron pour obtenir la stabilité électronique de l'élément désigné en b.

i) Est le gaz le plus léger.

j) Appartient à la même famille que l'élément désigné en d et son numéro atomique est plus grand que celui de l'élément désigné en a.

k) Est un métalloïde.

l) Est un halogène.

Quel élément chacune des étiquettes désigne-t-elle?

21. Lavina travaille dans une pâtisserie durant les vacances estivales. Son travail consiste à saupoudrer, à l'aide d'un tamis en plastique, du sucre à glacer sur des beignes.

En conservant toujours la même façon de tamiser, elle remarque ce qui suit :

• au début, les grains de sucre tombent verticalement;
• à mesure que le temps passe, les grains s'écartent davantage de la verticale alors que d'un autre côté, ils ont tendance à coller de plus en plus aux parois du tamis.

Pourquoi les grains de sucre s'éloignent-ils les uns des autres alors que d'un autre côté, ils sont attirés par le tamis?

22. Un circuit composé de trois résistors R_1, R_2 et R_3 montés en parallèle est illustré ci-dessous. La source de courant est réglée à 24 V.

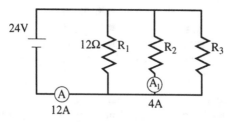

D'après ce graphique, quelle est la valeur de la résistance du résistor R_3?

Laissez les traces de votre démarche.

23. Une ampoule ordinaire de 150 W est allumée 10 heures par jour, 365 jours par année. Tout en conservant la même intensité lumineuse, on pourrait diminuer le coût d'utilisation d'énergie électrique en remplaçant cette ampoule ordinaire par une ampoule halogène de 90 W. Le coût d'utilisation d'énergie électrique est de 0,05 $ par kilowatt-heure.

Quelle économie annuelle obtiendra-on alors?

Laissez les traces de votre démarche.

24. Sur un contenant de 5 litres de javellisant, on peut lire qu'il contient une solution aqueuse d'hypochlorite de sodium (NaClO) dont la concentration est de 60 g/L. Avec cette solution, vous devez préparer 300 mL d'une solution aqueuse de NaClO dont la concentration sera 20 g/L.

Quel est votre protocole de manipulation.

Donnez toutes les étapes de votre protocole et faites les calculs, s'il y a lieu.

25. Les incinérateurs permettent de réduire considérablement la pollution du sol, de la nappe phréatique et des cours d'eau puisqu'ils empêchent l'enfouissement des déchets dans les dépotoirs en les brûlant.

Si les systèmes antipollution installés dans les incinérateurs modernes fonctionnent bien, la fumée qui se dégage de la combustion des déchets se compose ainsi :

a) dioxyde de carbone (CO_2), vapeur d'eau (H_2O), dioxygène (O_2), azote (N_2) - 99,95 %

b) monoxyde ce carbone (CO), dioxyde de soufre (SO_2), oxydes d'azote (NO_x) - 0,05 %

c) dioxines, furannes - 0,002 %

Les incinérateurs ne réussissent pas cependant à éliminer toutes les substances nuisibles à l'environnement puisqu'ils en produisent eux-mêmes.

À l'aide des renseignements ci-dessus, donnez deux substances nuisibles à l'environnement produites par les incinérateurs. De plus, dites pourquoi elles sont nuisibles.

Annexes

Solutions du prétest du Module 1

Section A

1. D   2. C   3. D   4. B

5. B   6. B   7. D   8. A

9. A   10. A   11. D   12. B

13. C   14. C

Section B

1. Composé :

on peut séparer un composé en ses éléments constituants. Un élément ne peut être décomposé. Si une partie de la substance s'est évaporée et qu'une autre partie est restée au fond de l'éprouvette, c'est qu'il y avait au moins deux éléments.

2. Au nombre d'électron sur le dernier niveau :

le modèle Rutherford-Bohr montre les électrons circulant autour du noyau sur des orbitales (à des niveaux) fixes. Dans une famille du tableau périodique, tous les éléments ont le même nombre d'électrons sur le dernier niveau et par le fait même ils réagissent tous de la même manière.

3. Le lithium (Li), le sodium (Na) et le potassium (K) sont tous dans la famille des alcalins et ont chacun un seul électron sur leur dernier niveau. N'ayant qu'un électron sur le dernier niveau, ces éléments ont fortement tendance à le perdre afin de rejoindre la configuration électronique du gaz inerte le plus près, ils ont donc une grande réactivité chimique.

Section C

1. Pour arriver au résultat, on peut effectuer la décomposition de l'eau par électrolyse.

Dans un becher contenant de l'eau , on ajoute une solution qui permettra à celle-ci de devenir conductrice. On branche une électrode à chaque borne du bloc d'alimentation, et on les introduit dans des éprouvettes, aussi remplies de la solution conductrice. On place ensuite ces éprouvettes dans le becher. On fait ensuite circuler le courant après s'être assuré que le montage est bien fait.

Après un certain temps, on constatera que les éprouvettes se remplissent de gaz. On remarquera que le volume des gaz est différent dans chaque éprouvette, ce qui signifie que l'eau s'est décomposée en deux gaz. À titre de preuve, on peut faire un test montrant que ces gaz réagissent différemment en présence d'une flamme ou d'un tison.

En conclusion, on dira que l'eau pure est composée de deux éléments.

2. En premier lieu, on prend des échantillons de ces gaz. Ensuite, on peut tester les propriétés caractéristiques correspondant au gaz donnés, soit :

l'*oxygène* est un gaz capable de rallumer un tison.

l'*hydrogène* est un gaz qui explose en présence d'une flamme.

le *gaz carbonique* est un gaz qui brouille l'eau de chaux.

À la suite de ces test, on pourra recoller les étiquettes sur les bonbonnes.

3. Phosphore (P) :

La caractéristique mauvais conducteur de chaleur et d'électricité indique que l'élément est un non-métal.

La caractéristique *moins de 18 électrons* indique que l'élément est situé dans une des trois premières périodes.

La caractéristique *possède 5 électrons sur la dernière couche* (en plus des caractéristiques données antérieurement) indique que l'élément est soit l'azote (N), soit le phosphore (P).

Puisque l'azote (N) à la température ambiante est un gaz et que l'élément recherché est un solide, on en déduit qu'il s'agit du *phosphore (P)*.

4. Élément A : métal : 2 électrons sur sa dernière couche et solide.

    Élément B : non-métal : possède 7 électrons sur sa couche périphérique, (famille des halogènes).

    Élément C : non-métal : gazeux.

    Élément D : métalloïde : conduit le courant électrique mais ne conduit pas bien la chaleur. dur, mais non ductile et non malléable.

    Élément E : métal : solide, ductile et malléable, bon conducteur de chaleur et d'électricité.

Solutions du prétest du Module 2

Section A

1. B	2. C	3. A	4. D
5. D	6. B	7. C	8. A
9. D	10. A	11. D	12. C
13. D	14. A		

Section B

1. Si les boules A et B se repoussent, elles ont la même charge.

Si les boules B et C s'attirent, c'est qu'elles s'ont de charges différentes.

Si les boules A et C s'attirent, c'est qu'elles s'ont de charges différentes.

Il y a deux solutions :

la boule A est chargée positivement,

la boule B est chargée positivement,

la boule C est chargée négativement.

ou

la boule A est chargée négativement,

la boule B est chargée négativement,

la boule C est chargée positivement.

2. Un électro-aimant a la possibilité d'être aimanté temporairement contrairement à un aimant naturel, qui reste aimanté en permanence. Un électro-aimant demeure aimanté lorsqu'il y a du courant dans le circuit et perd son aimantation lors de l'interruption du courant. La force d'un électro-aimant est contrôlable par l'intensité du courant, ce qui n'est pas le cas d'un aimant naturel. Dans un acier, on a besoin de transporter temporairement la ferraille, c'est pourquoi on utilise un électro-aimant.

3. La conductance d'un élément de circuit est déterminée par le rapport entre la variation de courant et la variation de tension.

$$G = \frac{\Delta I}{\Delta U}$$

$$G = \frac{1,0A - 0,2A}{6,0V - 1,0V} = \frac{0,8A}{5,0V} = 0,16S$$

$$G = 0,16S$$

4. La conductance d'un élément de circuit est déterminée par le rapport entre la variation de courant et la variation de tension.

$$G = \frac{\Delta I}{\Delta U}$$

$$G = \frac{2,5A - 0,5A}{50,0V - 10,0V} = \frac{2,0A}{40,0V} = 0,05S$$

$$G = 0,05S$$

5. La conductance d'un élément de circuit est déterminée par le rapport entre la variation de courant et la variation de tension.

L'Appareil A

L'appareil A a la plus grande variation de courant pour une même variation de tension, il a donc la plus grande conductance.

6. Résistance totale :
$R_t = 2\Omega + 4\Omega + 7\Omega + 5\Omega$
$R_t = 18\Omega$
$U = R \cdot I$
alors : $9V = 18\Omega \cdot I$
d'où

$$I = \frac{9V}{18\Omega}$$
$I = 0,5A$

L'ampèremètre indiquera 0,5A.

7. L'ampèremètre indiquera 6A

Ainsi dans l'ampèremètre 5 circule le même courant que dans l'ampèremètre 1.

Section C

1. En premier lieu nous devons trouver la valeur de R_1 dans le premier circuit.

Dans un circuit en parallèle, les tensions aux bornes des résistances sont identiques :

$U_1 = U_2 = 120V$

$R_1 = \dfrac{V_1}{I_1}$

$R_1 = \dfrac{120V}{1A}$

$R_1 = 120\Omega$

en résumé $R_1 = 120\Omega \qquad R_2 = 60\Omega$

Dans le second circuit R_1 et R_2 sont en série, la résistance équivalente est donc la somme des résistances.

$R_t = R_1 + R_2$
$R_t = 120\Omega + 60\Omega = 180\Omega$

en utilisant ces valeurs dans l'équation $U = RI$ on a

$I_t = \dfrac{U_t}{R_t}$

$I_t = \dfrac{120V}{180\Omega} = 0,67A$

La valeur affichée par l'ampèremètre A est $I_t = 0,67A$

2. Il faut d'abord déterminer le courant I_t dans le premier circuit :

$R_t = R_1 + R_2 + R_3$

$R_t = 3\Omega + 9\Omega + 12\Omega = 24\Omega$

En utilisant cette valeur dans l'équation

$$I_t = \frac{U_t}{R_t}$$

On a $I_t = \frac{12V}{24\Omega} = 0,5A$

Le courant dans le second circuit doit être 10 fois supérieur, soit :
$10 \cdot 0,5A = 5A$

On peut maintenant trouver la résistance équivalente du second circuit :

$$R_{1-2} = \frac{U}{I}$$

D'où $R_{1-2} = \frac{12V}{5A} = 2,4\Omega$

À l'aide des résistances disponibles 3Ω, 9Ω et 12Ω on doit trouver une combinaison possible de deux de ces résistances pour obtenir une résistance équivalente de $2,4\Omega$.

En essayant les combinaisons, on obtiendra des résistances de 3Ω et 12Ω.

Vérification :

$$\frac{1}{R_t} = \frac{1}{3\Omega} + \frac{1}{12\Omega} = \frac{4}{12\Omega} + \frac{1}{12\Omega} = \frac{5}{12\Omega}$$

$$R_t = \frac{12\Omega}{5} = 2,4\Omega$$

3. Dans le premier circuit, on doit calculer la résistance équivalente pour les résistances en série :

$$R_t = R_1 + R_2 + R_3$$
$$R_t = 15\Omega + 40\Omega + 20\Omega = 75\Omega$$

et $I_1 = \dfrac{U_1}{R_t} = \dfrac{9V}{75\Omega} = 0,12A$

Dans le second circuit, on doit calculer la résistance équivalente pour les résistances en parallèle :

$$\dfrac{1}{R_t} = \dfrac{1}{300\Omega} + \dfrac{1}{300\Omega} = \dfrac{2}{300\Omega}$$

$$R_t = \dfrac{300\Omega}{2} = 150\Omega$$

on a finalement

$$I_2 = \dfrac{U_1}{R_t} = \dfrac{12V}{150\Omega} = 0,08A$$

Ainsi l'ampèremètre du premier circuit indique un courant de plus grande intensité.

4. Dans un montage uniquement en série, on doit additionner les résistances pour obtenir la résistance équivalente. Ici, aucune combinaison de résistances n'est possible. Il faut étudier les possibilités de résistances en parallèle ou bien de circuit mixte (résistances en série et en parallèle).

Nous vous indiquons ici **deux** solutions possibles (il y en a d'autres).

Solution 1 :
Vous pourriez mettre en parallèle les deux résistances de 20Ω.

$$\dfrac{1}{R_t} = \dfrac{1}{20\Omega} + \dfrac{1}{20\Omega} = \dfrac{2}{20\Omega}$$

$$R_t = \dfrac{20\Omega}{2} = 10\Omega$$

Solution 2 :

Vous pourriez mettre en série les résistances de 5Ω et 15Ω, ce qui donne une résistance de 20Ω. Ces résistances peuvent être combinées **en parallèle** avec la résistance de 20Ω, ce qui donne le même calcul que pour la solution 1.

5. $$\frac{1}{R_t} = \frac{1}{6\Omega} + \frac{1}{12\Omega} = \frac{2}{12\Omega} + \frac{1}{12\Omega} = \frac{3}{12\Omega}$$

$$R_t = \frac{12\Omega}{3} = 4\Omega$$

6. La puissance totale est de 660W (60W + 600W)
   $P_t = 660W$ ou bien $P_t = 0,660kW$
   L'énergie consommée est égale au produit de la puissance par le temps d'utilisation.
   temps 1h30 = 1,5h
   On a alors :
   $E = P\bullet t$
   $E = 0,66kW \bullet 1,5h = 0,99kW\bullet h$
   Pour trouver le coût de fonctionnement, on fait le produit du nombre de kW•h consommé par le coût du kW•h.
   Coût = 0,99kW•h • 0,048 $/kW•h = 0,048 $

7. **Moteur 1 :**
   $U = 110V$
   $I = 2,0A$

   Prix : 210$
   $t = 24h/jour \bullet 365$ jours
   Coût du kW•h = 0,05$

   Calcul : La puissance P est égale au produit de la tension par le

courant : $P = U \cdot I$
$P = 110V \cdot 2,0A$
$P = 220W$ ou bien $0,22kW$

Temps :
$t = 24h/jour \cdot 365$ jours
$t = 8\ 760h$

Énergie :
$E = P \cdot t$
$E = 0,22kW \cdot 8\ 760h$
$E = 1\ 927,2\ kW \cdot h$

Coût de fonctionnement : $1\ 927,2kW \cdot h \cdot 0,05\$/kW \cdot h$
Coût de fonctionnement : 96,36\$
Coût total pour un an : Coût de fonctionnement + prix
Coût total pour un an : 96,36\$ +210\$
Coût total pour un an : 306,36\$

Moteur 2 :
$U = 110V$
$I = 1,4A$

Prix : 230\$
$t = 24h/jour$ et 365 jours
Coût du $kW \cdot h = 0,05\$$

Calcul :
La puissance P est égale au produit de la tension par le courant :
$P = U \cdot I$
$P = 110V \cdot 1,4A$
$P = 154W$ ou bien $0,154kW$

Temps :
$t = 24h/jour \cdot 365$ jours
$t = 8\ 760h$

Énergie :
E = P•t
E = 0,154kW • 8 760h
E = 1 349,04kW•h

Coût de fonctionnement : 1 349,04kW•h • 0,05$/kW•h
Coût de fonctionnement : 67,45$
Coût total pour un an : Coût de fonctionnement + prix
Coût total pour un an : 67,45$ +230$
Coût total pour un an : 297,45$

Après un an d'utilisation, le moteur 2 est plus économique que le moteur 1.

8. En premier lieu, il faut dégager de la question :
   m = 1 000g
   T_i (température initiale) = 15°C
   T_f (température finale) = 90°C
   E (énergie électrique) = 350kJ
   Ensuite, on transforme ces données pour les rendre applicables aux équations.
   m = 1 000g
   ΔT = 90°C - 15°C = 75°C
   $E_{élec}$ = 350kJ
   c (chaleur massique de l'eau) = 4,19 J/g•°C
   Calcul de l'énergie nécessaire pour chauffer l'eau en utilisant l'équation Q = m•c•ΔT :
   Q = m•c•ΔT
   Q = 1 000g • 4,19 J/g•°C • 75°C
   Q = 314 250 J ou bien 314,25kJ
   L'énergie électrique fournie était de 350 kJ or, il suffisait de 314,25kJ pour chauffer l'eau.

La quantité d'énergie électrique qui ne se trouve pas sous forme calorifique dans l'eau est de : 350kJ - 314,25kJ = 35,75kJ.

SOLUTIONS DU PRÉTEST DU MODULE 3

Section A

1. A   2. A   3. B   4. A
5. C   6. B   7. D   8. B
9. A   10. C   11. C

Section B

1.

Acides	Bases	Sels
H_2SO_4	$Ca(OH)_2$	$CaCO_3$
HCl	NH_4OH	
H_3PO_4		

2. Le pH de la solution est *inférieur à 7*.

3. Ces substances doivent pouvoir *changer de couleur* en solution pour différents niveaux d'acidité.

4. $Mg(OH)_2 + 2HCl \rightarrow MgCl_2 + 2 H_2O$.

Section C

1. Pour obtenir une concentration de 50g/L dans un volume de 1,5L il faut 1,5L • 50g/L = 75g de soluté.

On place les 75g de soluté dans un becher et on complète avec de l'eau distillée jusqu'à ce que l'on obtienne un volume de 1,5L.

2. Dans l'équation de préparation de solution :

$c_1 \bullet V_1 = c_2 \bullet V_2$

$c_1 = 25g/L$ concentration initiale

$V_1 = ?$ volume initial

$c_2 = 15g/L$

$V_2 = 1L$

En substituant les valeurs dans l'équation :

$c_1 \bullet V_1 = c_2 \bullet V_2$

$25g/L \bullet V_1 = 15g/L \bullet 1L$

alors $V_1 = 0,6L$

On doit donc prendre 0,6L de la solution initiale; on les place dans un becher et on complète avec 0,4L d'eau distillée afin d'obtenir le volume demandé de 1L.

3. En premier lieu, on doit mettre la poudre blanche dans un becher et y ajouter de l'eau distillée pour en faire une solution.

À l'aide de l'instrument approprié, on vérifie que la solution est conductrice d'électricité; si c'est le cas, la substance de départ est un électrolyte.

4. L'oxyde de soufre (SO_2) provoque les pluies acides et attaque les organes respiratoires.

Le monoxyde de carbone (CO) empêche l'oxygénation du sang et a des effets mortels.

SOLUTIONS DE L'EXAMEN

Section A

1.	B	2.	C	3.	C	4.	A
5.	B	6.	C	7.	D	8.	B
9.	A	10.	C	11.	B	12.	B
13.	C	14.	B	15.	D		

Section B

16. Élément atomique 13 : Al.
   3 couches électroniques et 7 électrons de valence : Cl.
   Réponse : $AlCl_3$

17. La conductance G d'un résistor est le rapport entre la variation de courant et la variation de tension.

$$G = \frac{\Delta I}{\Delta U} \rightarrow G = \frac{2A - 0A}{8V - 0V} = \frac{2}{8}S = 0,25S$$

$$G = 0,25S$$

18. Le courant qui circule dans le résistor R_3 est le même dans tout le circuit, puisque c'est un circuit *série*. On calculera la résistance totale en premier lieu et ensuite on substituera cette valeur dans l'équation $U = R \cdot I$.

$R_t = R_1 + R_2 + R_3$
$R_t = 6\Omega$
$U = R_t \cdot I$
$12V = 6\Omega \cdot I$
$I = 2A$

Le courant qui circule dans le résistor R_3 est de 2A.

19. Le point de virage est la zone ou l'indicateur change de couleur. Il y a deux zones :
- entre pH 4 et pH 7
- entre pH 10 et pH 12

Section C

20. a. B   b. Ne   c. O   d. Be   e. N
    f. He   g. Li   h. Na   i. H   j. Mg
    k. C   l. F

21. Lorsqu'elle utilise son tamis, Lavinia, crée une friction entre les grains de sucre et celui-ci. Il y a alors transfert de charge entre le tamis et les grains de sucre. Le tamis devient chargé soit négativement ou positivement, et les grains de sucre sont chargés avec des charges différentes de celle du tamis.

Le tamis et les grains de sucre ont des charges différentes, cela explique alors le fait que ces grains ont tendance à coller au fond du tamis (les charges de signes contraires s'attirent).

Les grains de sucre s'écartent de la verticale à la sortie du tamis puisqu'ils sont tous chargés de la même façon (les charges de même signes se repoussent).

22. En premier lieu il faut déterminer le courant dans le premier résistor :

$U = R_1 \cdot I_1$
$24V = 12\Omega \cdot I_1$
$I_1 = 2A$

Dans un circuit en parallèle les courants dans chaque branches s'additionnent pour donner le courant principal :

$I_t = I_1 + I_2 + I_3$
$12A = 2A + 4A + I_3$
alors
$I_3 = 6A$

On calcule la résistance du résistor R_3 par la formule :

$U = R_3 \cdot I_3$

$24V = R_3 \cdot 6A$

alors

$R_3 = 4\Omega$

23. Si on diminue la puissance de l'ampoule de 150W à 90W, il y aura une différence de 60W, et c'est cette différence qui nous servira pour le calcul de l'économie

$P = 60W$ ou $0,06kW$

$t = 10h/jour \cdot 365$ jours

$t = 3\ 650\ h$

Énergie :

$E = P \cdot t$

$E = 0,06kW \cdot 3\ 650h$

$E = 219kW \cdot h$

Coût : $219\,kW \cdot h\,\dfrac{0,05\$}{kW \cdot h}$

Coût : 10,95$

on économisera alors 10,95$

24. Il faut calculer en premier lieu le volume de solution initiale à prendre :

$c_i \cdot V_i = c_f \cdot V_f$

$60g/L \cdot V_i = 20g/L \cdot 300mL$

$60g/L \cdot V_i = 20g/L \cdot 300mL$

$V_i = \dfrac{20g/L \cdot 300mL}{60g/L}$

$V_i = 100mL$

On doit prendre 100mL de notre solution d'hypochlorite de sodium (NaClO) à 60g/L et ajouter 200mL d'eau distillée pour compléter notre solution finale à 300mL.

25. Le dioxyde de souffre (SO_2) et les oxydes d'azote (NO_x), bien qu'en très faible quantité (moins de 0,05%) lors de la combustion des déchets, sont des substances nuisibles à l'environnement car ils donnent naissance aux pluies acides qui diminuent le pH de l'eau, ce qui détruit la faune et la flore aquatiques et terrestres.

TABLEAU PÉRIODIQUE DES ÉLÉMENTS

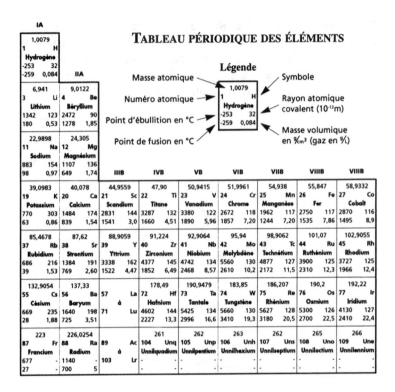

Légende

Masse atomique → Symbole

Numéro atomique → Rayon atomique covalent (10⁻¹²m)

Point d'ébullition en °C → Masse volumique en g/cm³ (gaz en g/l)

Point de fusion en °C

	IIIA	IVA	VA	VIA	VIIA	VIIIA
						4,0026 2 He Hélium -269 93 -272 0,17
	10,811 5 B Bore 2550 82 2300 2,34	12,011 6 C Carbone 4827 77 3650 2,25	14,0067 7 N Azote -196 75 -210 1,17	15,9994 8 O Oxygène -183 73 -219 1,33	18,9984 9 F Fluor -188 72 -219 1,58	20,179 10 Ne Néon -246 71 -249 0,84
	26,9815 13 Al Aluminium 2467 118 660 2,70	28,0855 14 Si Silicium 2355 111 1410 2,32	30,9738 15 P Phosphore 280 106 44 1,82	32,066 16 S Soufre 444 102 113 2,07	35,453 17 Cl Chlore -35 99 -101 2,95	39,948 18 Ar Argon -186 98 -189 1,66

VIIIB	IB	IIB	IIIA	IVA	VA	VIA	VIIA	VIIIA
58,71 28 Ni Nickel 2730 115 1455 8,90	63,546 29 Cu Cuivre 2567 117 1083 892	65,39 30 Zn Zinc 907 125 419 7,14	69,723 31 Ga Gallium 2403 126 30 5,90	72,59 32 Ge Germanium 2830 122 937 5,35	74,9216 33 As Arsenic 817 120 613 5,72	78,96 34 Se Sélénium 685 116 217 4,81	79,904 35 Br Brome 59 114 -7 3,12	83,80 36 Kr Krypton -152 112 -157 3,48
106,4 46 Pd Palladium 2970 128 1554 12,0	107,868 47 Ag Argent 2212 134 962 10,5	112,41 48 Cd Cadmium 765 148 321 8,65	114,82 49 In Indium 2080 144 156 7,30	118,71 50 Sn Étain 2270 141 232 7,30	121,75 51 Sb Antimoine 1750 140 630 6,68	127,60 52 Te Tellure 990 136 449 6,00	126,9045 53 I Iode 184 133 113 4,93	131,30 54 Xe Xénon -107 131 -112 5,49
195,09 78 Pt Platine 3827 130 1772 21,4	196,9665 79 Au Or 3080 134 1064 18,9	200,59 80 Hg Mercure 356 149 -39 13,6	204,37 81 Tl Thallium 1457 148 303 11,8	207,2 82 Pb Plomb 1740 147 327 11,4	208,9804 83 Bi Bismuth 1560 146 271 9,8	209 84 Po Polonium 962 146 254 9,4	210 85 At Astate 337 145 302 -	222 86 Rn Radon -62 - -71 9,23

151,96 63 Eu Europium 1597 185 822 5,24	157,25 64 Gd Gadolinium 3266 161 1313 7,90	158,9254 65 Tb Terbium 3123 159 1360 8,23	162,50 66 Dy Dysprosium 2562 159 1412 8,55	164,9304 67 Ho Holmium 2695 158 1474 8,79	167,26 68 Er Erbium 2863 157 1529 9,06	168,9342 69 Tm Thulium 1947 156 1545 9,32	173,04 70 Yb Ytterbium 1194 174 819 6,96	174,967 71 Lu Lutécium 3395 156 1663 9,84
243 95 Am Américium 2607 - 994 13,6	247 96 Cm Curium - - 1340 13,5	247 97 Bk Berkélium - - - -	251 98 Cf Californium - - - -	254 99 Es Einsteinium - - - -	257 100 Fm Fermium - - - -	258 101 Md Mendélévium - - - -	259 102 No Nobélium - - - -	260 103 Lr Lawrencium - - - -

BIBLIOGRAPHIE

LAHAIE, PAPILLON, VALIQUETTE, *Éléments de chimie expérimentale*, Éditions HRW, 1976.

LEDBETTER, Elaine W. , YOUNG, Jay A., *À la découverte de la chimie*, Édition du renouveau pédagogique, 1975.

Incursion sciences physiques 416-436, Éditions Beauchemin, 1992.

GARNIER, Eva, DAIGLE, Louis, RHÉAUME, Claude, *En quête*, Éditions HRW, 1991.

DUFOUR, Pierre, JUNIQUE, Paul, *Passeport pour la science*, Édition du renouveau pédagogique, 1991.

BOUCHARD, Régent, DIONNE, Roger, *Sciences physiques*, LIDEC, 1992.

POIRIER, Yvon, *Sciences physiques 416-436*, Je m'édite enr., 1991.

GCH 141, GCH 151, GPY 154, Gouvernement du Québec, ministère de l'Éducation, 1987.

Programme d'études sciences physiques 416-436, Gouvernement du Québec, ministère de l'Éducation, 1990.

DANS LA MÊME COLLECTION

Au secondaire

Pour réussir CHIMIE 534
Pour réussir FRANÇAIS 560
Pour réussir PHYSIQUE 534
Pour réussir HISTOIRE 414

Au collégial

Pour réussir HISTOIRE DE LA CIVILISATION OCCIDENTALE
Pour réussir MATH 103
Pour réussir MATH 203
Pour réussir MATH 307
Pour réussir LE TEST DE FRANÇAIS DES COLLÈGES ET DES UNIVERSITÉS

Achevé d'imprimer sur les presses de
Quebecor World L'Éclaireur
Beauceville